交互设计

黄琦　毕志卫　著

ZHEJIANG UNIVERSITY PRESS
浙江大学出版社

图书在版编目(CIP)数据

交互设计 / 黄琦,毕志卫著. —杭州:浙江大
学出版社,2012.7(2019.1重印)
ISBN 978-7-308-10255-1

Ⅰ.①交… Ⅱ.①黄… ②毕… Ⅲ.①软件设计
Ⅳ.①TP311.5

中国版本图书馆 CIP 数据核字(2012)第 159121 号

交互设计

黄　琦　毕志卫 著

责任编辑	吴昌雷	
封面设计	王　鹤　刘依群	
出版发行	浙江大学出版社	
	(杭州市天目山路 148 号　邮政编码 310007)	
	(网址:http://www.zjupress.com)	
排　　版	浙江时代出版服务有限公司	
印　　刷	浙江省邮电印刷股份有限公司	
开　　本	710mm×1000mm　1/16	
印　　张	10	
字　　数	175 千	
版 印 次	2012 年 7 月第 1 版　2019 年 1 月第 5 次印刷	
书　　号	ISBN 978-7-308-10255-1	
定　　价	45.00 元	

浙江大学出版社市场运营中心联系方式　(0571)88925591;http://zjdxcbs.tmall.com

前　言

　　什么是交互设计？怎样尽可能地保证交付物完成既定功能的需求并且满足用户体验层面的易用性？也许你是带着这些原因,翻开这本书。在过去的几年时间里,"交互设计"从一个带点神秘色彩的舶来新名词已经渐渐深入数字和互联网行业中的几乎每个重要产品中。那些拥有更流畅操作,更美观界面,更优雅体验的产品得到更多用户的青睐和推崇,获得了更大的商业上的成就。在实践中,通过交互设计创建优秀的用户体验,渐渐成为产品能从竞争中脱颖而出的重要方式,这也使设计这一传统的资源变得更加具有战略意义。

　　然而,客观地说,学习驾驭交互设计无疑是具有一定难度的,这是因为:对于非设计师而言,交互设计涉及大量的认知心理学知识和模式,学习需要较大的成本;而对于设计师而言,区别于传统的平面设计,交互设计更注重用户目标和行为。另外,传统教育重视设计师硬技能的培养,而忽略设计师思维和整合等软实力的养成,这一点在市面上大量的交互设计教材中延续。

　　于是,我们编写了这样一本书:既能够系统却简单介绍交互设计理论基础,更能够在某些实战领域深入推荐能解决实际问题的方法;既拥有通俗易懂单专业的阐述,又包含了完整真实的应用案例;能够帮助读者深入理解交互设计的理念和掌握好各种方法和技巧,最终可以提升其手中产品的价值和用户体验,或在今后能够创造出成功的产品。

　　本书两位作者从2009年起在浙江大学软件学院为信息产品设计专业研究生开设"交互设计"这门课,迄今已经开设了3届,期间不断更新教学内容,受到了听讲学生的普遍欢迎。此外,还先后完成了国家自然科学基金、浙江省重大科技专项、淘宝点睛项目等多项与交互设计紧密相关的课题研究,积累了丰富的科学研究结果,以科研带教学,以教学促科研,为本书的写作奠定了坚实的基础。

本书共 8 章,由黄琦副教授拟定各章内容和细目,并与其余作者进行了充分的讨论和修改。黄琦撰写了第 1、2、7、8 章,包括了交互设计历史及理论基础概念、以用户为中心的交互设计方法和流程、用户研究和可用性评估方法,并提供了前沿的可用性测评研究和交互设计创新研究的案例。来自淘宝的资深设计师毕志卫将其在业内多年的设计经验整理并分享给大家,撰写了第 3、4、5、6 章,重点介绍如何进行需求获取、原型设计、交互设计模式使用、细节设计等交互设计理论的实践和应用,提供了大量的详实的典型示例和设计建议。最后由黄琦负责全书的统稿、润色和校订。特别要感谢淘宝设计师何立参与了本书第 2、7 章的撰写工作,还有淘宝点睛项目的合作者雪芝博士所提供的支持。还要感谢参与本书整理工作的硕士生:鲁奕、王鹤、方烨、周洪杰、徐健鸣、杜锐等。

值得一提的是,很多本书中的案例都是来自电子商务领域的互联网实际产品,对于正在从事这个领域并有如下问题的相关人员来说,本书更是值得一看。

· 学生——缺少一本全面讲授学科理论并有大量生动案例的参考书?

· 交互设计师——没有系统学习过基础知识,还缺乏丰富的设计经验?

· 产品经理——如何组织需求,可视化描述需求,进而管理需求?

· 界面设计师——如何在理解需求和信息架构,创建更高效易用的用户界面?

· 用户体验设计师——如何评估产品可用性,并在各个阶段提升产品的用户体验?

· 行业其他相关人员——如何更深刻地理解"以用户为中心的设计",并将我们的产品做得更好?

由于时间仓促,加之目前国内在交互设计的研究和应用还处于发展阶段,本书中难免会有错误和不足,敬请读者指正。

最后,我们真诚地希望本书可以带你进行不一样的交互设计之旅!这不仅是一本教科书,更是一本工具书。所以在阅读它的同时,我们更加建议你在实际的设计过程中灵活智慧地使用书中介绍的方法,参照适合你项目的原则和 Tips,相信会取得意想不到的效果!

编者

2012 年 4 月

目　录

第 5 章　设计模式应用

第8章　交互设计创新研究

第 1 章

交互设计概论

本章导读

什么是交互设计？交互设计如何在仅仅几十年的信息时代中迅速成为一个行业甚至一门学科？

所谓交互，就是互相作用——在长期的历史进程当中，人和各种人工制品互相作用，在人们使用人工制品时，人和人工制品之间就产生了交互的关系。

所谓设计，就是理解和传达——计算机界面有别于传统的人工的实体制品，用户对它认知主要基于对信息的阅读和加工，那么如何有效地理解人类获取处理信息的机制和能力，设计相应的计算机系统行为传达的界面就变得重要了。

20 世纪 80 年代左右，市场上大量的基于传统设计的人工产品虽然采用了计算机芯片，但并没能让用户感受到效率的提高，反而在使用过程中暴露出很多问题。正是在此背景下，交互设计这一概念被提了出来。本章将围绕什么是交互设计，交互设计的背景以及它的一些特征，发展现状进行叙述。

1.1 交互设计的提出

1.1.1 计算机的使用者的转变

早期的计算机经过了几十年的发展成为今天的计算机，已经发生了巨大的改变，使用计算机的人们，也从极少数的科学家，变成了现在成千上万的普通用户。

从 1946 年，人类发明第一台电子计算机（ENIAC）开始，计算机的发展已经历了四代。早期的计算机体积庞大，使用者主要是一些相关领域的专家、先驱者们，计算机主要被用作编写程序和执行批处理命令。

如图 1.1 所示，第一代计算机（1945—1955）的硬件主要采用真空电子管，体积巨大，使用者是一些专家和先驱者们，他们通过一些机械的设备和穿孔卡片来阅读计算机的反馈。当时的计算机主要被应用于军事科学，受益者是那些火箭科学家们。

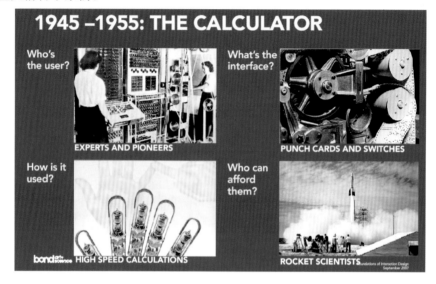

图 1.1　第一代计算机（1945—1955）

如图 1.2 所示，今天的计算机，即第四代计算机（1995—）。它的硬件主要为大规模集成电路，小巧，轻便，成本低。界面采取了可视化的图形，注重用户的认知和操作感受。今天的计算机可以被用来做"任何"事情，基于计算机芯片的各种嵌入式设备，如 PDA，MP3 等已成为我们日常生活的一部分。今天的计算机呈现出以下特点：轻巧，便于携带，被广泛应用到人类生产生活的各个领域，使用者既有工程师，也有普通用户。另外，互联网技术的应用和普及，延伸了单一计算机的能力，整个互联网可以理解为一个更大的计算机。

对于与计算机有关产品的设计者来说，计算机越来越重要，计算机的用户越来越庞大，需求也越来越复杂。计算机界面的设计就应该能符合普通用户的需要，它应该是学习起来更容易，操作起来更方便，看起来更舒适。从人类历史发展的角度来看，计算机作为一种工具应该更好地为人服务，而不需要人们花很多时间去学习和适应它。

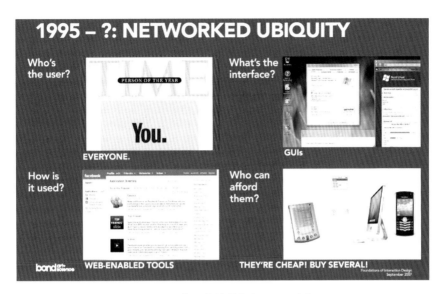

图 1.2　第四代计算机(1955 至今)

1.1.2　从使用产品到和产品交互产生的认知摩擦

认知摩擦的概念首先由 Alan Cooper 提出的,他认为认知摩擦是"当人类智力遭遇随问题变化而变化的复杂系统规则时遇到的阻力",是产品设计不良的一种普遍现象,是技术的应用和功能的堆砌使产品变得复杂、难以理解和使用、用户很难通过感官来预期操作的结果。

相比传统的工业制品,基于计算机技术的数字产品的认知摩擦对人类的影响尤为明显。这是因为存在以下两个主要原因:

(1)传统的工业制品是实物,它可以被感知,有重量、体积、质感,它的状态可见,操作的时候有声音反馈,如果你不会操作,你还可以请求客服人员帮助,等等;而数字产品上,这些状态是通过抽象的图形文字界面展现的,并不直观,你也无法要求计算机给你更直接的帮助。

(2)人类长期使用工具的历史,人们使用某些工具出自天性;而数字产品的使用是基于对信息的获取和加工,这个需要人类后天的长期学习和积累。不同的用户,受年龄、性别、教育程度、语言习惯和生理特征等影响,差异更为明显。

通过图 1.3 我们可以比较一下一个传统相机的界面和数码相机界面的不同。

2008 年,日本奥林巴斯公司根据其在 1963 年推出的一款胶片相机 Pen F

(a)1963Olympus Pen F

(b)2008Olympus Ep-1正面

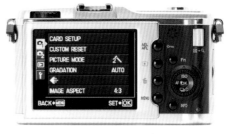

(c)2008Olympus Ep-1背面

图 1.3　1963 年与 2008 年两款 Olympus 相机的界面比较

的基础上，推出了数码相机 Ep-1。除了采用不同的感光介质和存储介质外，两者在外形上极其相似。然而两者却代表了两个时代的产品。Pen F 是传统的工业制品，Ep-1 却是地道的数字产品。看一下 Ep-1 的背面(图 1.3(c))，我们就可以发现，除了按下快门的这一操作外，其他所有的操作，都围绕着一块液晶屏幕展开，而传统相机的操作面板则基本集中在顶部。对于一名传统摄影者，他找不到设置快门的拨盘，也找不到设置镜头光圈刻度圈，所有他习惯的操作必须从背面屏幕中的菜单，以及左侧的按钮中去摸索，而对于这些摸索的操作并不能使他感受到反馈，比如快门声，光圈孔是否已收缩等。如果他没有足够耐心去摸索，或者看帮助文档，那么这些改变将会使他觉得受挫。

1.1.3　市面上存在着大量的不良设计

　　正如其他新技术的发展一样，人们在早期往往对它充满期待，但是当它迅速发展并影响到生活的各个层面时，人们开始评估它对人们的影响。计算机的普及和数字产品的发展同样面临这一问题。

　　计算机作为工具延伸了人类的大脑和双手，但是，如果这些技术只是在技术层面被简单和重新拼装，它将会带来一系列问题，有些甚至是致命的。图 1.4 就是一个经典的不良设计导致的事故例子。

　　图 1.4 是 Alan Cooper 描述的一个空难事故过程，1995 年 12 月，一架飞

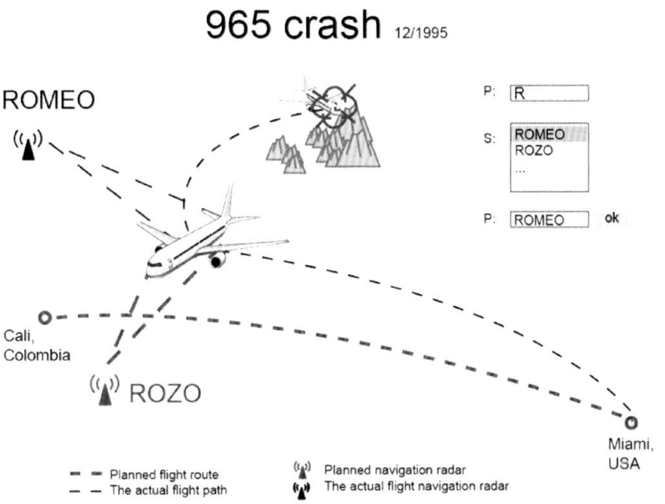

965 crash 12/1995

图 1.4　飞机事故示意（红线表示计划线路，实线表示实际路线）

机从美国迈阿密计划飞往目的地哥伦比亚卡里。当飞机快到卡里时，机组人员要选择新的导航雷达——ROZO，他在电脑中输入了一个 R，这时候系统出来一个 auto complete 的下拉菜单，机组人员下意识地选择了 ROMEO。于是，飞机按照 ROMEO 的导航，往东北角的群山飞去。不久飞机坠毁在山中，机上人员全部遇难。所以说，新技术必须首先符合人的需要，并尽可能考虑人的认知和操作特点，它才能成为人类的帮手。现在如果让你来设计一下，那个雷达选择界面，你会怎么让计算机提醒机组人员呢？

在 20 世纪末，计算机开始被广泛应用时，我们经常可以听到人们对那些结合了计算机的产品的负面报道，一些可能只是给你的生活造成一些麻烦，比如，电子时钟、家用电器极度难用，令人懊恼；另一些，当计算机被搬进飞机机舱的时候，不良设计，则会带来致命的灾难。

存在不良设计的数字产品，不仅没有使计算机帮上人类的忙，相反，带来了一系列的问题。然而问题不在计算机，而在于"设计"那些数字产品的人，他们忽略了用户的目标，他们也不了解用户，他们以为采用了优美的代码和先进的技术，就可以让用户喜欢他们的产品。

这些问题导致了一种新的设计的诞生，它必须考虑用户的目标，了解用户的特征，去构建系统的行为，从而更有效的去满足人们的需求，这就是交互设计。

1.2　什么是交互设计

1.2.1　交互设计的定义

1984年,设计师Bill Moggridge在一次去东京旅行的时候给儿子买了一个电子表,和当时其他类似产品一样,非常难用,被神经衰弱的老婆用锤子砸掉。这事使他认识到,设计师需要面临新的挑战,当电子取代机械控制系统的时候,必须通过设计才能控制那些采用计算机芯片的产品。他一开始给这种设计命名为"软面(Soft Face)",由于这个名字容易让人想起和当时流行的玩具"椰菜娃娃(Cabbage Patch Doll)",他后来把它更名为"Interaction Design"——交互设计。

中国交互设计行业的发展起源于网络时代,网站的开发从最早的网站开发+美工设计,到后台开发+前端开发+界面设计,最后发展成为包含了后台开发、前端开发、用户研究、产品设计、信息架构设计、交互设计、界面设计等非常完善的开发模式,并随着交互设计的发展与电子设备的进步,国内的交互设计由"网页交互设计"发展为涉及多个领域,多种产品的交互设计学科。

1. 交互设计的不同定义

不同的人们对"交互设计"有着不同的定义:

(1) *Interaction Design—Beyond Human-Computer Interaction*(中译《交互设计——超越人机交互》)一书中作者对交互设计的定义:设计支持人们日常工作与生活的交互式产品。具体地说,交互设计就是关于创建新的用户体验的问题,其目的是增强和扩充人们工作、通信及交互的方式。

(2) Winnogard(1997)把交互设计描述为"人类交流和交互空间的设计"。

(3) Alan Cooper:交互设计是人工制品、环境和系统的行为,以及传达这种行为的外观元素的设计和定义。交互设计首先规划和描述事物的行为的方式,然后描述传达这种行为的最有效形式。交互设计是一门特别关注以下内容的学科:定义与产品的行为和使用密切相关的产品形式;预测产品的使用如何影响产品与用户的关系,以及用户对产品的理解;探索产品、人和上下文(物质、文化和历史)之间的对话(Riemann和Forlizzi)。

2. 交互设计的特征

无论是谁的定义,都使交互设计体现了以下的特征:

交互设计有别于其他设计:传统设计注重形式和内容,交互设计更关注行为。传统的设计,诸如平面设计,一般涉及图形,文字的加工和形式设计;工业设计,及服装设计的兴起,使人们开始关注内涵,潮流。而软件,数字产品的大量出现,这些产品存在着用户和产品之间的大量交互行为,使设计的关注重点自然的落到了行为上。忽略了行为,会使设计找不到重点,流于表面,或根本无法满足用户目标。

关注行为的这一特点,要求交互设计,"理解使用他们设计的人们的目标、动机和期望(心理模型,mental model)"。这些最好能被理解为"叙述"(narrative),即时间轴上的逻辑(或者情感)进展。

与这些"叙述"相适应,所设计的人工制品必须具有它们自己的行为叙述,且这些行为必须成功地与用户的期望吻合。不像大多数机械制品,只有简单的行为,软件和其他数字产品因为其行为潜在的复杂性,而需要交互设计。

图 1.5～图 1.7 是不同的关注点下所设计出的产品形态的比较:

图 1.5   关注行为的设计——Google.com

图 1.6   关注内容的设计——ifanr.com

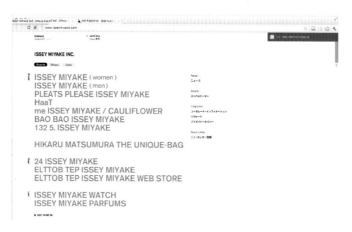

图 1.7　关注形式的设计——isseymiyake. com

1.2.2　以目标为导向的设计过程

以目标为导向设计的定义是："在自上向下的产品开发的流程中通过定义特定的产品需求,基于研究以及用户需求的交互行为而进行设计的一种理念。"

从用户角度来说,交互设计是一种如何让产品易用,有效而让人愉悦的技术,它致力于了解目标用户和他们的期望,了解用户在同产品交互时彼此的行为,了解"人"本身的心理和行为特点,同时,还包括了解各种有效的交互方式,并对它们进行增强和扩充。交互设计还涉及多个学科,以及和多领域多背景人员的沟通。

通过对产品的界面和行为进行交互设计,让产品和它的使用者之间建立一种有机关系,从而可以有效达到使用者的目标,这就是交互设计的目的。

1. 目标 VS 任务和需求

以目标为导向的设计最初被系统地提出是在 Alan Cooper 的 *About Face* 一书中。在他的理论体系中,我们所做的所有的研究和设计最终都是为了帮助用户达成其目标,所以不管设计师在设计工作中做什么,他都应该是指向用户的最终目标。这样做可以帮助设计和研究人员始终站在一个相对较高的水平上来看问题,而这恰好是你的产品的保险:它们总是会朝着最终目标的方向前进而不会太过偏离设计目标。

在用户的使用过程中,任务被用来组织用户的行为作用于产品的功能,并最终达成用户的使用目标。可以说任务是构成一个产品目标的"子目标"用户的需求。一部分来自用户对于达成目标的意愿,一部分来自于用户对于完成其目标的过程或行为的判断。例如:汽车的发明者福特对于汽车用户的描述:用户真正需要的是快速地到达其目的地,但是用户会跟你说"我需要一匹更快的马"。目标导向设计的思路和过程见图1.8。

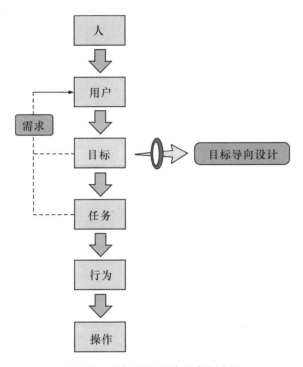

图 1.8 目标导向设计思路和过程

在交互设计的设计过程中设计师关注对象的层次关系,可以看到连接用户与产品之间的中心就是目标。用户的需求来自于其对于达成目标的需要以及为达成这个目标所要完成的任务的需要。

2. 设计过程概览

为了简便起见,本书将采用以下的模型展开讨论。我们将整个设计过程分为需求分析、设计、评估三个阶段(见表1.1),这些阶段在后面的章节也有较为详细的描述。

表 1.1 设计过程的三个阶段

阶段	事件	产出/方法
需求分析	需求分析:指的是在建立一个新的或改变一个现存的系统或产品时,确定新系统的目标、范围、定义和功能时所要做的所有工作。在这个过程中,设计人员确定顾客的需求。只有在确定了这些需要后他们才能够分析和寻求新系统的解决方法。用户研究:挖掘出用户对产品的功能、性能等的各种需求,甚至是挖掘出用户的潜在需求	需求文档:市场需求文档和产品需求文档
设计	信息构架设计:深入理解产品的目标、功能需求。将这些目标、需求转化为产品的内容架构,把内容合理地归类整理为若干的界面、层次。信息构架的设计意味着对导航的设计	功能清单,网站架构用例,低保真模型
	界面细节设计:界面基本元素构成,界面风格,视觉效果,以及不包括在信息架构内的体验设计	产品风格表达,设计语义传递等
评估	通过对产品的不同阶段进行可用性评估,可以及时发现设计中缺陷,进而能进一步完善交互流程。通过评价,也可发现交互设计中可行、友善、合理或优秀的地方,从而为后续产品的交互设计提供借鉴	启发式评估,认知走查,可用性测试,AB测试法,用户行为分析

1.3 交互设计和周边学科

从用户角度来说,交互设计是一种如何让产品更易用,更能帮助用户达成目标,且有效而让人愉悦的技术。对于交互设计师而言,为达成用户的目标,他需要综合运用多门学科知识,了解用户的生理习惯,心理特点,实际需求,并将其表现在产品的功能、性能,以及形式等。所涉及学科包含了认知心理学,人类学,美术学,工业设计学,人因工程,信息架构,逻辑学等。如图 1.9 所示,三块大的区域可以理解为被交互设计借鉴较多的学科。

1.3.1 工业设计

工业设计中采用的设计过程,很多的设计原则,将应用到交互设计中。比如设计需要充分理解商业,技术和人,并平衡三者关系。甚至有人觉得,交互设计是工业设计在软件上的延伸,许多交互设计从业者也是由工业设计师转型而来,并将他们在工业设计中的知识与技能应用其中。另外,随着技术的不断发展,交互设计和工业设计,软件和硬件之间的界限逐渐呈现模糊的趋势,这一点我们将在本书的第 8 章进行讨论。

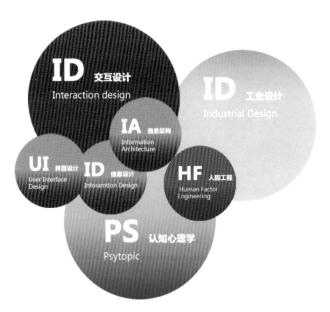

图 1.9　面向 Web 和软件的交互设计学与周边几个关联学科的关系

如图 1.10 所示，iPod 中转盘控制组件就是完美的工业设计与交互设计结合的案例，控制方式从硬件操作映射到软件功能以及界面反馈，在设计的过程中，工业设计师与交互设计师的界限不再清晰。

1.3.2　认知心理学

认知心理学主要是研究人的认知过程，包括注意，直觉，表象，记忆，思维，语言等。认知心理学为交互设计提供基础的设计原则。这些原则包括心理模型

图 1.10　iPod 音乐播放器

（Mental Model），感知/现实映射原理（Mapping），隐喻（Metaphor）以及可操作暗示（Affordance）。

如图 1.11 所示，Time machine 的界面采用深邃的星空，三维的时间轴，让用户能自然地联想到 Time machine 能让文件夹穿梭时空回到过去，比喻的使用达到了期望的效果。

1.3.3　人因工程

人因工程学研究的核心问题是在特定条件下人、机器及环境三者间的协

图 1.11 Mac Os 系统备份软件 Time Machine 的功能界面

调,研究方法和评价手段包括了心理学、生理学、医学、人体测量学、美学和工程学的多个领域,目的是通过人机工程学的研究来指导器具、方式和环境等的设计和改造,使得设计对象在效率、安全、健康、舒适、愉悦等几个方面的特性得到改善。

图 1.12 是一张办公室的人体工学图,它给出了理想中的,员工所使用的办公桌,电脑,椅子的合理配置。从而使这些机器和环境适合人,提高工作效率。

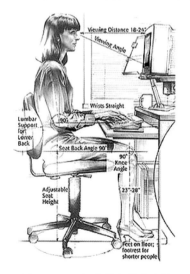

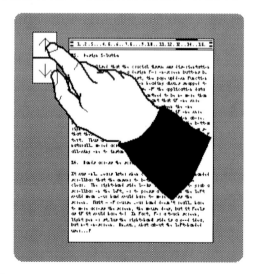

图 1.12 理想中的办公室人体工程学　　图 1.13 早期计算机界面

类似的,让系统更容易使用,便于点击,减少鼠标移动,也被交互设计所采用。图 1.13 显示了在计算机界面发展的早期,人们曾试图将滚动条放置在屏幕的左侧,这样导致出现手跨越屏幕进行操作的情景。后来人们就将滚动条放在了右侧,毕竟使用右手的是多数。

1.3.4 信息架构

信息架构是指组织起信息内容的结构与方式,在互联网产品中,信息架构就是对内容的分类,并通过建立一种引导人使用的方式,让人更易于获得想要的内容而进行的设计。有效的信息架构能够让用户按照逻辑,没有障碍地,逐步地得到他们想要获得的内容,在交互设计中,建立起这个行之有效的信息架构的人,被称为信息架构师。

1.4 学好交互设计的建议

(1)完善知识结构,让自己成为一个"上知天文下知地理"的综合型角色。

(2)建1个自己的交互设计主题BLOG,定期写心得和分享等。

(3)注册10个不同类型的Web 2.0网站ID。记录使用时的感受,以及这些网站是否满足了你的需要。

(4)比较研究C2C,SNS,邮件,相册等当前热门主题网站的使用流程和界面设计。

(5)比较研究5个基于手机、WINDOWS、MAC OS的相近功能软件。

(6)记录使用时的感受,尽可能使用每一个软件中的每一个操作。

(7)随时观察身边的人如何使用软件、网站、手机等交互设备。

(8)准备一个随身的笔记本,随时记录灵感。

(9)与不同学科的人多分享,多交流,多辩论。

练习

1. 分析不同银行的ATM机的取款过程,设计自己心目中理想的取款流程。

2. 找10个不好的交互设计,分析其缺陷,并提出改进方案。

第 2 章
基于 UCD 的用户需求研究

本章导读

- **什么是 UCD?**

User Centered Design,以用户为中心的设计,即围绕"用户知道什么是最好的产品"这个理念,设计师帮助用户实现其目标,用户需要参与设计的每一个阶段。

- **UCD 的设计就是交互设计吗?**

答案显然是否定的,在具体的设计过程中,一旦设计师发现并定位问题后,就开始选择合适的解决方案;一般有以下四种模式的方法(见表 2.1):

表 2.1　设计方法分类

方法	概要	用户	设计师
以用户为中心的设计(UCD)	侧重于用户的需求和目标	指导设计	探求用户的需求和目标
以活动为中心的设计	侧重于任务和行动	完成行动	为行动创造工具
系统设计	侧重于系统的各个部分	设立系统的目的	确保系统的各个部分准备就绪
天才设计	依靠技能和智慧	检验灵感	灵感的源泉

在这些方法中,行业内的专业人士往往也不单独使用某种方法,因为每种方法都有它更独到的长处,适合不同的公司和设计师团队或个人。

本章就从 UCD 的基本理论出发,探讨用户分析的基本手段,并详细介绍用户分析的几个重要环节,包括获取需求的方法、用户档案的建立、情景与任务分析,以及信息架构的搭建。用户分析是展开设计前的重要环节,是实现以用户为中心的设计的必要步骤。

2.1 UCD 的基础设计理论

以用户为中心的设计观已经出现很长时间;它来源于工业设计和人机工程学,简单地说,设计师应该使产品适合于人使用,而不是让人习惯产品。为贝尔电话公司设计 500 系列电话的工业设计师 Industrial designer,早在 1955 年写《为人们设计》时,就首先提出了这种方法。在 20 世纪 80 年代,在人机交互领域工作的设计师和计算机学家开始质疑工程师为电脑系统所设计的界面。随着存储、处理和色彩显示能力的加强,多样的界面已成为可能,并掀起一股浪潮,即在设计软件时,越来越关注用户,而不是计算机。这股浪潮就是以用户为中心的设计观。

● **为什么使用 UCD?**

因为你的设计直接面向你的用户。设计师聚焦于用户需求,决定必要的任务和方法来达到这些目的,这些都需要考虑用户的需求和偏好。简而言之,在项目中,用户资料是设计决策的关键因素。当遇到不知道如何做时,可以参照用户的需求。比如,在做电子商务网站时,用户想要购物车的按钮放在页面的右上角,可能这个按钮最终就是放在页面的那个位置。

然而 UCD 不是总起作用的。所有的设计如果都依赖用户有时会使一个产品或服务被勉强地关注。例如,设计师也会把设计基于错误的用户资料;为成千上万的人设计产品,UCD 可能不切实际。以下介绍几个经典的 UCD 名词。

2.1.1 心理模型和实现模型

在用户认知心理研究领域,心理模型和实现模型是两个基本的概念,也是研究用户认知心理的一个基础。由于心理模型和实现模型在很多情况下的巨大区别,就需要交互设计师有清晰的思路,去找寻两种模型之间的平衡点,从而满足用户的需求。

1. 什么是心理模型

人们在日常生活中会根据自己的经验和习惯形成很多对事物的起因、机制和相互关系等似乎是理所当然的看法,这就是用户的心理模型,或者叫概念模型。这种观念对于使用一个复杂的产品来说尤为突出,往往人们并不需要了解这个产品内部工作的所有细节,流程,仅仅需要在心里给这个产品下一个简单的定义,这对于使用这个产品已经足够。心理模型对用户来说非常重要,因为这直接影响产品功能的实现,下面是一个例子:

图 2.1　淘宝网购物页面

比如我们在淘宝上购物(图 2.1),我们通过逛里面的网店寻找我们需要的商品,详细地查看产品介绍,然后点击购买,确认信息,用支付宝付款,一步一步完成交易。我们可以认为用户的心理模型为:这只是通过一个个网页图片和按钮,在这些电子商家的网站购买到所需商品,就可以在若干天后收到货物。但其实整个过程在计算机里就是一些代码的变化,一串一串电信号在来回传输,我们无法将里面的原理类推到现实世界中我们购物的方法,所以我们的心理模型必须要和实现模型区分开来。即使某些反馈是可见的,有一定联系性的,但对于大部分的人而言仍然是难以理解的。

当然随着产品越来越复杂,新的东西越来越多,尤其是现在,无论是实体产品还是互联网产品都可谓是不停的推陈出新,用户不可能对所有的新产品都会有对应的心理模型。往往用户会选择一个与其接近的概念去尝试理解这个产品,并尝试学习如何使用,而建立新的心理模型。这就意味着用户需要一个学习的过程。

我们通过对用户的研究,或者是通过合理的猜测,从各方面去理解用户的心理模型,判断出什么是用户能学会的,什么是不能的,这对于实现产品的功能非常重要。尽管心理模型某种程度上是可以通过教育用户而改变的,但是往往在设计中我们所罗列的希望用户可以学会并能在具体产品的设计中方便的按照我们的设想去使用的一大堆设计方案和功能模块，并不是用户想要的。因此从用户原有的心理模型去理解并扩展，对设计来说很关键。

2. 什么是实现模型

任何机器都有实现其目标的机制。例如电影放映机使用复杂的移动图片序列来创建动态的感觉：它在一个瞬间让明亮的光线透过半透明的微缩图像，然后在它移向另外一幅微缩图像的瞬间挡住光线；并以每秒 24 次放映新的图像，重复这个过程。这种有关机器和程序如何在实际工作的表达被 Donald Norman(1989)和其他人称为系统模型(System Model)。工程师开发软件的方式通常是给定的，并且常常受制于技术和业务上的限制。有关软件实际上如何工作的模型称为实现模型。用户与软件交互的心理模型是用户理解他们所需要进行的工作，以及程序如何帮助他们完成工作的过程。这种模型基于他们自己如何完成任务，以及计算机如何工作的想法。设计师选择如何将软件工作机制表现给用户的方式称为表现模型。表现模型和其他两个模型不同，它是设计师能够极强地对软件进行控制的体现。设计师一个很重要的目标是使表现模型和用户的心理模型尽可能相互匹配，因此设计师能否详细地理解目标用户所想到的软件使用方式，非常关键。

表现模型离用户心理模型越近，用户就会发现程序越容易使用和理解。一般来说，假如(通常也如此)用户有关任务的心理模型不同于软件的实现模型，向用户提供过分接近实现模型的表现模型会严重地降低用户学习和使用程序的能力。图 2.2 是一张经典的从表现模型到心理模型的过程示意。

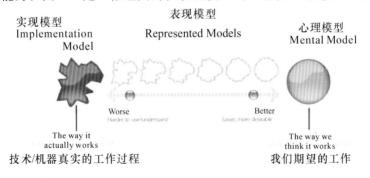

图 2.2　表现模型与心理模型的图示

我们倾向于形成比现实更简单的心理模型。如果创造了比实现模型更简单的表现模型，我们就能帮助用户更好地理解。

　　理解软件如何实际工作常常有助于人们使用它,但这种理解需要很大的代价。表现模型允许软件创造者通过简化软件透明的工作方式来解决问题。这完全是内部的,用户永远不必知道。抛弃了实现模型而更接近用户心理模型的用户界面更好。

2.1.2　隐喻和 GUI 界面

1. 什么是隐喻

　　语言学上,把由于两个事物在特征上所存在的某一类似之处,用指一个事物的词来指代另一个事物的演变方式叫做隐喻(Metaphor)。隐喻是以"相似"(likeness)和"联想"(association)为基础的,即两个事物在特征上所存在的某一类似之处。

　　隐喻在界面设计中有着广泛的应用。无论是系统软件,还是在图形图像文字处理等应用软件,以及 Web 上都可以看到它们的身影,如图 2.3 所示。

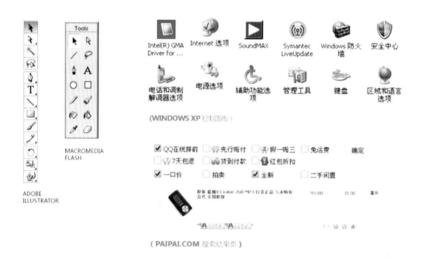

图 2.3　隐喻在界面设计中的应用

　　我们看到毛笔形状的 ICON,我们知道那和笔刷有关。看到一根斜线,那应该是表明可以拿来画一个线。凭借界面给出的视觉提示,我们不必了解软件的运行机制。比起文字表达,隐喻界面易于识别,也方便记忆。在 Web 上,隐喻,尤其是 ICON 被广泛应用的另一个原因是它还有效地节省了空间,而不必每次都用文字提示。

　　系统应该能够用用户能理解的语言、词组和概念去与用户交流,而不是用本身难懂的术语。这就需要沿用真实世界的方式,将信息用更自然、更符合真实世界逻辑的方式去呈现于用户面前。所以,"使系统符合现实"是我们应首先遵循的准则。

隐喻正是这样一个方式,能给人以可预测性,用户能够轻易地理解你设计的软件应用。这是一种不需要去重新学习的方法,当用户操作时,他们在内心就已经知道下一步即将出现什么,呈现什么,如果不成功可以如何返回,即使这是在用户的第一次操作。

但有时不适当的隐喻往往会起到相反的效果。图 2.4 是某知名设计团队在某届国际 GUI 大赛的作品,得到了大赛的最佳原创主题大奖。据说设计师设计这一作品的初衷是要追慕设计界的先贤安东尼高迪。这个作品大量的 ICON图标采用的是将物体高度抽象和提炼的方式来进行隐喻,所以几乎不太能识别,除了 DESKTOP。准确地说,这是一个更追求形式美感的 ICON 设计,它能让人眼前一亮。但由于通过 ICON 的图形本身人们不知道其所表达的是什么,所以离开了文字的描述后,这个设计不太实用。

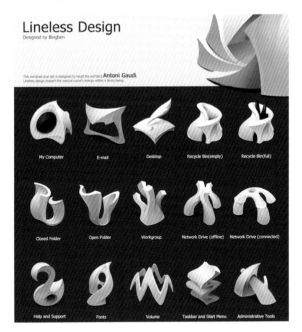

图 2.4　一套抽象的桌面图标设计

2. 什么是 GUI

图形用户界面(Graphical User Interface,简称 GUI,又称图形用户接口)是指采用图形方式显示的计算机操作用户界面。与早期计算机使用的命令行

界面相比,图形界面对于用户来说在视觉上更易于接受。图形用户界面(GUI)基本上包括以下元素:

桌面:启动时显示,也是界面中最底层,有时也指代包括窗口、文件浏览器在内的"桌面环境"。

视窗:应用程序为使用数据而在图形用户界面中设置的基本单元,用户可以在窗口中操作应用程序,进行数据的管理、生成和编辑。

标签:数据管理方式中使用的一种界面,将数据的标题在窗口中以一定形式排列。

菜单:将系统可以执行的命令以阶层的方式显示出来的一个界面。

图标:显示在管理数据的应用程序中的数据,或者显示应用程序本身。

按钮:命令用图形表示出来,配置在应用程序中,称为按钮。

3. 隐喻在 GUI 中的应用

图形界面设计的依据建立在认知理论基础之上:GUI 通常的特征是窗口化(windows)、图标化(icons)、菜单化(menu)和按键化(push－buttons),其深层意义是对应人类认知模型的行动控制方式,解决的是视觉呈现与行为模型的一致关系。例如窗口、菜单形式对应人类认知过程中信息的逻辑组织结构;按键对应行动中的执行－回应模型;图标的抽象符号既可表意,又可以引发想象,激发使用兴趣等。

隐喻应用在界面设计主要为了实现两个目的:

(1) 传达操作功能

界面设计的图形化发展表明图像形式本身可以传达出意义,合理的设计可以方便使用者的认知和操作。设计师可以运用隐喻,通过寻找恰当的符号载体和这一功能特性联系起来,使抽象的功能意义以我们更为熟悉的方式呈现。Mac 刻录软件 Roxio Toast 是可以算得上图标历史上最杰出的隐喻之一了,烤面包机更能诠释刻录软件"烧录"功能(图 2.5)。

Toast Titaium

图 2.5 MacOS 系统的烧录光碟软件图标设计

(2) 情感引导

界面体现的是一种视觉样式,也可能是一种使用方式。有着丰富隐喻的界面本身就不再是中性的,而是有性格、有情感,能让人感受到意象、能感觉到情趣。

界面与界面之间应该存在相互的层级和逻辑关系,而且这种关系,越符合现实就越容易让别人理解,越不用让别人学习。这就是为什么我们需要做隐喻,我们需要通过它,去表现界面之间的关系。

4. 如何突破隐喻的限制

隐喻有着自身的局限性,在笔者以前的设计中,经常碰到为了给一个操作找到一个合适隐喻而苦苦思索。我们发现如果只是给一些物理对象的操作寻找合适的隐喻,比如打印机和文档不是件难事。但如果为进程,服务找到合适的隐喻却是很困难的(比如消费者保障计划,假 1 赔 3)。而这些恰好是软件中的常用对象。以下是几个隐喻的局限:

(1) 找到合适的隐喻不是件易事;

(2) 不同文化背景下,对隐喻的理解存在距离;

(3) 更主要的,一味追求隐喻将限制软件的能力,便利和效率。

此外,在 LOGO 设计中,经常会找不同的人对 LOGO 进行解读,不同国家,不同学历,不同职业会对同一个形象形成不同的认识。原三星的设计顾问,高登布鲁斯,跟笔者讲了这样一个事情。他说在英语世界里大家对联想 LENOVO 的认识:法语 LE 相当于英语的 THE,nove 意为小说,这个词和联想的产品之间没有任何关系。

2.1.3 映射及其应用

1. 什么是映射

数学中对于两个集合 A 和 B,如果 A 中的每个元素在对应法则的作用下都可以在 B 中找到与它对应的元素,就叫映射。而在信息世界中,信息集合和现实环境之间的对应性,就是我们这里想要着重探讨的映射。信息集合是屏幕里的虚拟界面,现实表象就是身边的物理环境,虚拟环境应该和物理环境保持一致的。

2. 映射的应用有哪些

对现实的映射在国内外都很流行,主要解决用户的"别让我想"这个问题。电脑的键盘是从打字机延续而来的,GUI 里面的一些表单元素源自我们日常生活的表单,从现实生活中取材,往往是最容易理解的。一些游戏或者引导界面中经常会出现两类指示:其一是聚光灯,源自舞台,帮助用户聚焦到某个重点;其二是手或者箭头的动画指示,提示用户的下一步操作。图 2.6 就是支付系统中应用列表的一个例子:

图中所有的图标设计都是现实生活中在支付过程中会出现的实物和元素,用户可以一目了然,直接对应并理解在网络平台也可以更加简便地完成各种支付和交易。

图 2.6　隐射在界面图标中的应用案例

2.1.4　心流与和谐界面

1. 什么是心流?

当人们全身心地投入在某个活动中时,他们会对周围的事物视而不见。这种状态被称为"流"。齐克森米哈里 1975 提出了流的概念——我们都能够达到无需努力便可集中精力并且享受的状态,这就是流。它是这样一种幸福状态:这种完全沉浸于某种经历的情况在你合唱、跳舞、打桥牌或读好书时,会出现;如果你热爱自己的工作,那么在复杂的外科手术或完成交易时,这种情况也会发生;在社会互动比如和好友交谈,和婴儿玩耍时也会出现。

这些非同寻常的时机就是所谓的"流"经历。流的比喻是许多人用于描述在他们生活中不用刻意努力就能感受到的最佳时机。运动员将之称为"进入化境",宗教神秘主义将之称为"入迷",艺术家和音乐家则称之为"美学狂喜"。

图 2.7 是齐先生给出的流

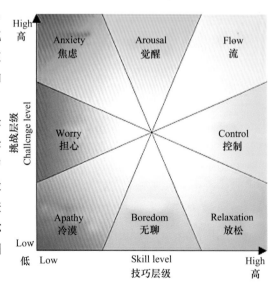

图 2.7　齐克森米哈里的流模型

模型图,两个坐标,水平方向表示对技能水平的要求,垂直方向为任务的挑战程度,第一行到第三行分别为焦虑、觉醒、流、担心、控制、冷漠、无聊、放松。这个图解释了哪些任务将会使我们到达流的状态。当我们是初级用户的时候,接受一个困难的任务,我们可能将会面临担忧和焦虑,这是远离流的状态。就像你刚学会 Photoshop,就要求你设计一个大型门户站点,你甚至都不知道如何管理图层,此时你可能会想换一个软件。过了一段时间,你已经成为一名中级用户,这时候再让你设计这个门户站点,你就可以控制它了,但还达不到流的状态。当你对于高难度的设计工作能做到游刃有余的时候。那么你就到了流的状态。你肯定会继续使用 PS,享受使用 PS 带来的成就感。

在进入流的状态时候,我们会高效的工作,并享受其中的快乐。在这过程中,我们甚至轻易就忘掉了时间的流逝。

2. 流的设计原则有哪些

(1)让用户操作产品,而不是参与产品讨论;

(2)工具就在手边;

(3)提供非模态的反馈;

(4)反应对象和程序的状态;

(5)要把命令和设置区别开来;

(6)遵循用户心理模型;

(7)少就是多;

(8)为可能设计,为可能做好准备;

(9)提供符合情境的信息;

(10)提供选择,而不是疑问,请求原谅,而不是许可。

3. 什么是和谐界面

和谐的界面必须要使用户能够在这个界面中一直持续的完成某件事情,需高度集中而不会被打断。流布局就是一种和谐界面的经典例子:如果需要布局很多独立的信息,以往常用的方式会采用分页形式,例如 Google、百度和淘宝的搜索结果。这其中有减轻系统负担,降低流量要求的一些因素在里面。但是现在随着互联网的发展,这种分页的形式已经逐渐被一种称为流布局的方式取代。淘宝的"我要买"频道(图 2.8),社交类电商网站蘑菇街(图 2.9),及图片分享网站花瓣网(图 2.10)等,都使用了这种流式布局的页面,其特征就是在你不断往下读取页面的时候,不断加载新的页面,而没有采用分页的形式,免去用户点击与读取信息关系不大的页面信息。这样有助于用户在这个界面中实现流。

图 2.8 流布局案例——淘宝"我要买"频道

图 2.9 流布局案例——社交类电商网站蘑菇街

图 2.10　流布局案例——花瓣网

2.2　用户研究:理解用户需求

著名的心理学家唐·诺曼(Donald Norman)曾针对设计的研究价值展开过一番讨论。在《技术居首,需求为末》一文中,他认为技术是驱动设计创新的首要因素,为此他引用了福特的一句名言:"如果我问人们想要怎么样的交通工具,他们一定说,'一匹更快的马!'"言下之意,人们未必知道自己的需求是什么。那么,用户研究的价值到底是什么?

简单而言,用户研究是一个了解谁是你的用户、他们有什么思维及行为特征的发现过程;同时,用户研究是一个收集数据的过程,包括基础的人口统计数据、人体工学数据、用户使用环境与设备数据、用户任务等。在这些信息的支持下,设计才更有理据,使创意有了更科学的落脚点。需要指出的是,本章的用户研究是指探索性研究,目的在于协助制定设计策略。对于形成性和总结性的用户研究(主要指可用性评估),将在后续章节详述。

了解用户需求的方式多种多样,表 2.2 以用户参与方式为维度,总结了一些典型的方法。

表 2.2　以用户参与方式来分类的用户调研方法

用户参与方式	参与人数	典型方法
直接参与	单个	深度访问(情景式探寻),卡片分类,日志
	多个	焦点小组、调研问卷、角色模拟
	单个或多个	参与式设计、人种志研究、影随法
间接参与	多个	竞争对手分析,网站数据分析

著名的设计机构 IDEO 曾总结一套方法卡,其中从操作的维度总结了以下若干种用户研究方法(表 2.3):

表 2.3　以操作的维度分类的用户调研方法

学习 从收集到的信息中识别模式,建立更深层次的认识	观察 观察用户,看他们到底怎么做,而非怎么说	提问 激发用户的参与感,从而获取与设计项目相关的信息	尝试 通过体验用户的任务,培养同理心,从而评估设计方案
・人体测量分析 ・人物角色档案 ・认知任务分析 ・活动分析 ・亲和图分析 ・流程分析 ・错误分析 ・二手资料调研 ・竞争产品调研 ・跨文化比较 ・历史回顾 ・长期预测	・个人物品清单 ・敏捷式人种学研究 ・生活中的一天 ・行为考古学 ・行动轨迹图 ・墙上苍蝇观察法 ・带领式参观 ・影子式跟随法 ・社会关系网络图 ・静态图片调研 ・时段性视频记录	・五个为什么 ・访谈极端用户 ・照片日记 ・卡片分类 ・拼贴 ・体验描绘 ・陈述 ・认知景观 ・认知地图 ・语词—概念关联法 ・非焦点小组 ・文化探录 ・国际交流 ・问卷调查	・行为采样 ・身体风暴 ・情景 ・情景测试 ・比例模型 ・角色扮演 ・知情扮演 ・同理心工具 ・纸原型 ・体验原型 ・简陋原型 ・亲自体验 ・当一天你的客户 ・预测明年的头条

可见,研究方法多种多样。选取哪种方法取决于时间与金钱成本、设计的特性(如,是实体产品还是互联网产品;是复杂的专业软件还是大众应用)、目标用户的可及性(如,是否为外国用户;特殊人群等)。综合来讲,了解需求及该过程的产出物如下:

(1) 了解用户是谁、有着怎样的使用环境,建立用户档案;

(2) 了解使用情景与事件,进行任务分析;

(3) 了解事件中所使用的语词,创建信息架构。

接下来将具体介绍以上三种产出物。

2.2.1 用户档案与角色模型

建立一份完整的用户档案通常包括以下五个过程。用户档案最终可以以人物角色(Persona)的形式存在,它的目的在于使设计有明确的针对性,有助于后期的设计沟通以及设计优先级排序等(图 2.11)。

定义目标用户群	归纳用户特征	归纳使用环境特征	归纳用户任务	塑造人物角色

图 2.11 建立用户档案的五个过程

1. 定义目标用户群

一个设计的用户群是谁,以及聚焦于用户群中的哪个细分群体,属于商业决策。因此在制定设计策略阶段,就应该就目标用户群有个大致的界定。到了目前阶段,需要对用户群有更细致的划分和定义。划分必须基于差异化的可能,即对于具有不同特点的子用户群能够提供差异化的设计。而定义不同子用户群的标准必是准确、可度量的,如按注册时长、性别、年龄、职责等。

例如,一个 B2C 网站所定义的目标用户群是年轻母亲。那么,一种分类方式是按婴儿的年龄差异,如,宝宝尚未出生、宝宝为新生儿(未满一岁)、宝宝在 1～3 岁之间……等。又例如,一个库存管理软件,它的用户群可能包括店主、库管人员、销售客服等。

针对每个用户群,再进而归纳他们各自的特征、使用环境、任务等。

2. 归纳用户特征

最基础的用户特征包括年龄、性别、教育、计算机水平、之前的使用经验等。但针对不同的设计,可能需要归纳的用户特征也会有所不同。这取决于特征与设计的相关性,即它在多大程度上会影响具体的设计决策。例如,对于一款老人手机,设计师可能需要归纳该群体的平均视力、听力等,至于教育水平这一特征,对设计的影响也许不高。而对于上文所述的针对年轻母亲的 B2C 网站,用户群的教育水平、收入都可能是需要归纳的特征。

表 2.4 某网店库存管理软件的用户群定义及特征归纳

用户特征	店主	库管人员	销售客服
年龄与性别	55%女性,平均年龄 28 岁	70%男性,平均年龄 25 岁	95%女性,平均年龄 22 岁
计算机经验	高	低至中	中至高
库管知识	高	高	低
网店运营经验	高	低至中	中至高
期望	了解热/滞销情况,便于采购	高效率的出入库管理	找出商品是否有货、是否断货

用户特征应该如何获取呢？基本方法包括问卷调研、后台用户数据、二手资料分析等。表 2.4 是一个网店库存管理软件的用户群定义及特征归纳。

3. 归纳使用环境特征

使用环境通常包括用户群使用设计的：

场所：如，用户更可能在办公室还是户外使用该设计？该场所具有什么特质？拥挤、嘈杂？安静、舒适？

硬件设备：如，用户显示器的分辨率是多少？设备的重量是多少？

软件设备：如，用户主要使用哪种浏览器？是否还有使用其他关联软件？

归纳上述环境特征的目的是为了使设计更具针对性：例如，使用场所会影响设计的交互方式、包装形式等，一台户外型的手机显然需要抗摔性更强的外壳；又例如，一款针对 iPhone 的应用也许无法直接移植到 iPad 上，因为 iPad 的分辨率、屏幕尺寸、电池寿命都与 iPhone 有差别；至于软件设备，则可能影响设计的可兼容性等方面。以库管软件为例，将其用户群的环境特征总结如表 2.5 所示：

表 2.5 用户群环境特征收集总结案例

用户特征	店主	库管人员	销售客服
使用场所	安静的私人办公室	较拥挤、闷热的仓库	嘈杂的办公室隔间
硬件设备	台式电脑 （21 寸显示器）	台式电脑（17 寸显示器） 扫描枪	台式电脑 （17 寸显示器）
软件设备	IE7 浏览器，阿里旺旺 /QQ/MSN	IE6 浏览器，阿里旺旺 /QQ，掌柜助手软件	IE6 浏览器，阿里旺旺 /QQ

4. 归纳用户任务

归纳用户任务是后续具体任务分析的基础。在目前阶段，是指对各个用户群所有需要完成的任务进行整理，并统计任务重要性和频繁度。以库管软件为例，用户任务清单如表 2.6 所示：

表 2.6 某库管软件的用户任务清单示例

用户任务	店主	库管人员	销售客服
设置权限	X		
增加商品		X	
录入成本价	X		
商品入库		X	
商品出库		X	
入库单审核	X		

续表

用户任务	店主	库管人员	销售客服
出库单审核	X		
库存盘点	X	X	
查看销售报表	X		
查看库存情况	X	X	X
换货入库			X
……			

5. 塑造人物角色

在此之前,我们已经了解到用户是谁、有哪些特征、他们的使用环境及任务是什么。为了使这些用户信息可以更好地融合,并直观地运用于设计,可以塑造若干人物角色(Persona)。

人物角色并非真实存在的人物,也不是统计学上的平均用户。人物角色也不同于市场细分,相比起反映用户对一个产品的态度,人物角色更趋向于描述用户是怎么使用产品/设计的,它担当一个设计暗示的角色。通过融合上述用户群特征,并将这些特征赋予虚拟人物,从而在设计者心中建立更有真实感的用户形象。

人物角色能帮助设计师跳出自我视角,更多从用户的角度进行思考,使得团队成员能够真实地接触到用户的世界,就好像用户是身边的一位朋友,团队的一员。人物角色帮助设计师过滤他们在设计中的个人喜好,让设计师在一个宽广的范围内关注于用户的行为,动机,目标。另一方面,人物角色有助于设计团队成员之间相互沟通交流,并使众人更好地从概念上把握大量的需求。

通常塑造三个左右的主要人物角色。太多的人物角色会使焦点分散,而且也无法支持差异性设计。一般而言,创建人物角色有 7 个步骤:

(1) 收集一些数据:定量调研、使用日志等;

(2) 头脑风暴可能的维度:如行为、态度、能力、动机;

(3) 识别明显差异性行为特征,决定维度;

(4) 验证维度:采访若干用户;

(5) 归纳各个角色的目标与特性;

(6) 检查完整性与重复性:MECE("相互独立,完全穷尽");

(7) 丰富细节。

在产出人物角色之后,需要将其可视化,做成易读易懂的形式,并对其进行推广宣传,还需要及时地更新人物角色信息。一个典型的人物角色模板(表2.7)和实例(图 2.12)如下:

表 2.7　典型的人物角色模板

照片	名字	
	用户目标	
	背景 · 年龄 · 职业与收入 · ……	主要特点 · · ……
	描述 (包括一些个人生活细节,以及使用产品的典型场景)	
目标 · · ·		
痛点 · · ·		
典型情景(提纲) · ·		

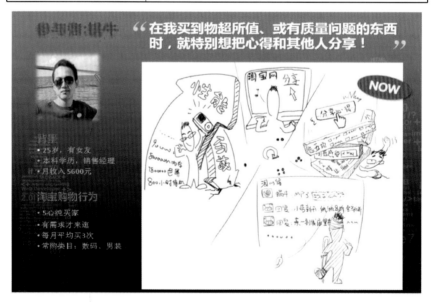

图 2.12　人物角色卡片实例

人物角色的建立并非易事,尤其是让设计团队接受一个虚拟个体可代表整体用户群的可能性。一些可以使用人物角色的情景包括:使用人物角色创作故事板与撰写用例,开展专家评估、头脑风暴(图 2.13)。

图 2.13 设计团队利用人物角色展开讨论

2.2.2 场景模型

在建立了用户档案之后,需要对其进行完善,其中最重要、与最终设计最相关的内容是情景与任务分析。

情景、任务、用例,是三个相互交叉、相似但并不相同的概念。就抽象程度而言,情景最为概括,缺乏细节;任务需要细化到执行步骤;而用例则是系统对用户某个执行步骤的反应。

情景描述的是用户为完成某一目的所执行的一系列任务,它可以包括用户的思考过程、情绪、动机等丰富的信息,反映了任务之间的关系。情景分析有助于设计师从更宏观的角度审视用户完成一个任务过程中的心理变化,而不是从一开始便着眼于具体的操作。情景来源于第一阶段,了解用户需求时收集到的数据,如实地观察、深度访问等。网店库存管理软件的一个使用情景,如表 2.8 所示。

在上述情景描述中,与库存管理软件(界面)的交互只是描述中的一部分,如果仅针对这部分做设计,便遗漏了整个任务执行过程中可待被优化的流程。例如由系统提供导出盘点单再打印的功能,从而减少了大量人手操作。此外,该情景还反映出目前完成库存盘点任务的痛点:耗时太长,人工操作太多。由此可以总结出设计在支持该任务时应最先满足的需要或解决的问题。

表 2.8 用户角色的使用情景描述

人物角色	仓库管理员，小朱
任务	库存盘点
情景描述	小朱每周要对店内所有商品进行盘点。这包括计算各件商品的总数量，以及与系统中的库存数进行核对。对于盘点数量与系统中的库存数不一致的商品，他需要汇总并报告给店主陈涛。 他选择不很忙碌的周六下午进行盘点，否则在发货量较大的时间，盘点的同时商品还在不断被拍下。他还必须在发货员完成了本日需发商品的捡货之后才能开始盘点，不然也会导致库存数差异。于是在下午 6 点，他进入仓库开始盘点。他手持一个小本子，一边数一边用笔记录。哪类商品摆放在哪里，他记得十分清楚，因此尽管商品摆放毫无规律，也能较快找到相应的商品。在记录时，他会写下商品名的缩写，因为把名字写全太累、效率太低。有些小件的商品(比如圆珠笔)，量太大，点起来很麻烦，他掂量一下感觉差不多就当做库存无差错。 在盘点完后，他回到电脑前，拿着手写单子在系统里逐一找出相应的商品，核对数量。有时候字迹过于潦草，已经辨认不出是哪件商品，不得不又跑回仓库里凭印象再点一遍，让他甚是烦恼。而在系统里逐一查找商品也很费时。每次盘点都要花上他 2 个多小时。当发现库存有差异，他便在纸上记录一下。最后还要输入到 Excel 表单里，发给店主看。

除了文字描述，还可以通过故事板这种可视化形式来呈现情景。在电影和电视中，故事板是一种视觉化的脚本，被用来规划关键的镜头，图 2.14 就是同一个剧情性的故事板。

图 2.14 一个剧情性故事板

在界面设计中，故事板用一系列的线框图来勾勒出一个序列的交互场景，它关注于某个角色，而不是所有用户。比起线框图，故事板更着重于描绘用户的行为和界面对于行为的反馈。对设计师来说,使用故事板与需求方(如老板、产品经理等)沟通,有助于传达设计对用户来说的整体核心体验,比文字描述更易打动人。故事板可以用于描绘现有的使用情景痛点(图 2.15):

图 2.15 一个描述用户痛点的四格漫画式故事板

故事板也可用于描述理想的使用场景(图 2.16):

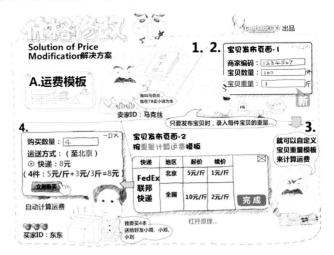

图 2.16 一个描述用户使用理想的故事板

制作故事板有以下几点诀窍：

（1）不要做一个大而全的故事板。可以创建多个故事片段，每个片段描绘不同的任务场景；

（2）每个故事片段应有清晰的起点和完成的步骤；

（3）不要指望图形能代替所有阐述，对场景进行必要的文字注解；

（4）使用人物角色作为故事的主角；

（5）合适的细节水平，不必过于细节，比如每一个鼠标点击或者一连串输入的文字。

2.2.3 用例图

任务分析需要细化到具体的交互步骤，步骤与步骤之间的顺序、依赖关系，还有步骤的重要程度。它还应包括典型的出错之处，以及出错后设计应给予的支持或引导。

还需提及的重要概念是用例（use case）。用例是软件工程中的术语，最早被广泛采用是在面向对象的程序设计里。用例描述系统或技术对用户所执行的操作的反馈，并不会描述用户本身（如动机、情绪等）。用例的编写需要涵盖所有可能的情况，而情景更多关注的是主要用户的完成任务的主要过程。

用例是构架产品需求的最好方式，被广泛用于撰写产品需求文档。用例可以通过用例图和用例描述来呈现。一个典型的用例图，它包括角色（如仓库管理员、店主、客服等）、用例名（指系统提供的功能，以动词＋名词的形式，如商品入库、设置警戒值、审核出库单等）、连接（连接角色和用例，表示角色正参与用例），图 2.17 是一个用户的用例图示例，圆圈中表示的就是用例名，其中的"UseCase10"就表示这个用例的名字叫"第 10 用例"，虚线的箭头表示了用例之间的关系，"include"表示的是包含关系，常用的关系还有泛化关系（generalizatio），拓展关系（extend）。

而用例描述则是更详细的文字描述，一份典型的用例描述通常包括：

（1）主要角色。

（2）情景中的目标：角色想完成什么？

（3）范围：角色使用什么系统/功能？

（4）涉众和相关人：还有哪些相关角色？他们的目标是什么？

（5）前置条件：必须先满足哪些条件？

（6）触发条件：什么使得这个用例发生？

（7）主流程：为完成目标有哪些典型步骤？

（8）其他说明：还有哪些情况？出现异常情况，如何处置？

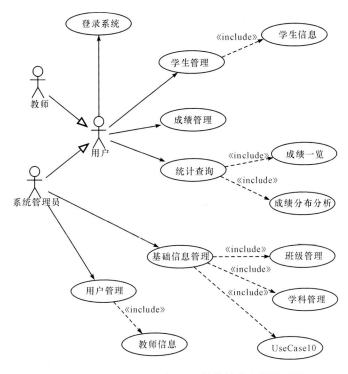

图 2.17 一个用例图示例——某学校信息管理系统

情景与任务分析的一大难点在于细节程度的控制。到底在描述一个情景时需要详尽到什么程度？过于粗略可能无法发现设计机会，过于详细则可能使主任务被"淹没"。因此，情景和任务分析应结合商业需求（主要功能点），有针对性地选取情景，有重点地进行描述。

2.2.4 搭建信息架构

对于应用型软件或网络产品设计，信息架构的搭建是用户分析的重要步骤。信息架构是指对界面信息进行有效的分组与命名，从而帮助用户更有效地寻找到相应的内容。例如，对一个软件的功能进行分组，是一个搭建信息架构的过程。对一个网站的内容进行分组、建立导航，也是在搭建信息架构。

良好的信息架构能提升界面的可学习性，使用户建立关于设计的正确的心理模型，最终使用户能更好地完成任务，达到目的。那么，信息架构该如何建立呢？参考已有的设计范例，组织信息的三种基本模式包括：

1. 按主题

这是一种基于事件属性的组织方法。例如,对于一个新闻网站,按主题(娱乐、体育、财经等)进行分类,是较为适用的方法,图 2.18 就是一个例子。

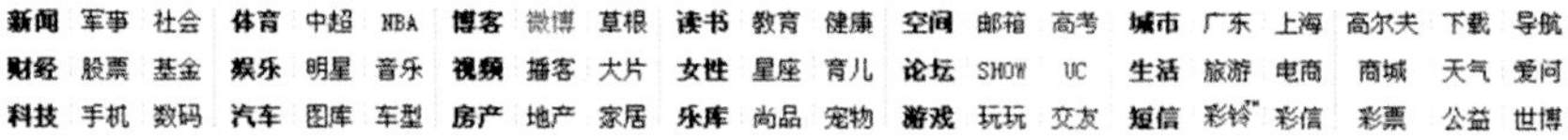

新闻 军事 社会 **体育** 中超 NBA **博客** 微博 草根 **读书** 教育 健康 **空间** 邮箱 高考 **城市** 广东 上海 高尔夫 下载 导航
财经 股票 基金 **娱乐** 明星 音乐 **视频** 播客 大片 **女性** 星座 育儿 **论坛** SHOW UC **生活** 旅游 电商 商城 天气 爱问
科技 手机 数码 **汽车** 图库 车型 **房产** 地产 家居 **乐库** 尚品 宠物 **游戏** 玩玩 交友 **短信** 彩铃 彩信 彩票 公益 世博

图 2.18 新浪门户顶部导航区

2. 按任务

这是一种基于事件用户目标的组织方法。对于一个财务报销系统,按任务(申请报销、查看报销单、审核报销单等)进行分类则更为合适。

3. 按用户类型

这是一种基于用户属性的组织方法。一个网上交易网站,可以按照用户(买家、卖家)进行分类。

我们也可以通过卡片分类的方法来搭建信息架构。卡片分类是一种了解用户对于信息的逻辑分组以及命名的研究方法,通过把无结构的信息项呈现给用户,并要求用户对信息进行分组以及命名,有助于构建出更符合用户心理模型的信息架构(详见图 2.19)。

图 2.19 一名用户在对信息项进行分类,最后得到右侧的分类结果

练习

假设你或者你的团队要设计一个 B2C 商家的智能手机客户端,方便用户在移动的情景下使用手机进行购物,按照 UCD 的原则和方法,尝试建立用户的角色模型。

第 3 章

需 求 获 取

本章导读

一定意义上,产品的成功总是基于用户需求的满足,并帮助企业实现自身的商业目标。所以在开始我们的设计工作之前,必须深入了解我们的用户需要什么,困难在哪里,对于组织,要了解组织的成员对于产品的期望,相关的业务目标是什么。知道这些,我们就可以构建可能的产品设计方案,决定我们产品的设计目标是什么,大概需要什么功能,需要什么特性,随着对产品的理解的深入,我们可以制定相应的设计原则,这些原则将成为后续设计过程的指导,确保我们产品目标的最终实现。所以需求获取,尤其是洞察那些表面问题背后的真正需求对于交互设计来说,是成功的关键所在。关于用户需求的获取和研究,我们将在第 4 章讨论。

3.1　理解商业需求

在实践中,设计有时候是独立的活动,它可能独立于企业或组织,设计部门并没有相应的商业诉求压力,这当然是好事情。但对于电子商务网站来说,更普遍的情况是,设计者应该具备商业的感觉和洞察,去担当分析和整理商业需求的能力,也许开始的时候很难,需要一些知识和训练,可是一旦具备这种能力,将大大增加设计活动的影响力和价值。

有时候,对于电子商务网站来说,用户需求和商业需求是冲突的,就是说我们很难同时既实现商业的诉求,又同时使用户的需要被尊重。这时候我们能做的就是寻求平衡,比如:某广告销售部门希望通过在界面上增加广告位,以便尽可能卖掉更多的广告,他们不愿意对销售的广告进行限制,比如文件大小,图片的质量,因为这些也许都不在他们的业务范围之内。显然,我们很难对于这类需求说不,然而在用户的层面来看,太大的图片,过于快速的闪动,过于刺激的颜色搭配,都会有可能影响用户正常使用原来的界面。所以我们能做的就是增加对售卖广告的管理规则,比如对投放的内容,以及广告进行规范。

3.1.1 确认关键利益相关者

首先确认谁将是受到项目影响的关键人物,可以通过明确谁是项目发起人入手。这个人可以是内部顾客也可以是外部顾客。不管是哪个,都有必要了解谁将对项目展开的范围有最终的发言权。

然后,确认谁将运用这个方案、产品或服务。他们是我们的终端用户。我们的项目是为了满足他们的需求,因此必须考虑他们的意见。常见的利益相关者及其可能需求:

(1) 老板:产品上线后实现营收×××万;

(2) 市场:产品上线后实现市场占有率××%,增加用户数×××万;

(3) 运营:能提升成交转化率××%;

(4) 客服:降低××%投诉量。

3.1.2 抓住利益相关者的需求

向每一位关键的利益相关者或是每一个利益相关者集体进行提问,征求他们对于新产品或者新服务的要求是什么。他们希望和期待从这个项目中得到什么?你可以运用好几种方法来理解并抓住这些要求。在此,我们介绍以下4个技巧:

1. 技巧1:对利益相关者进行面谈

与每一位利益相关者或终端用户进行单独的面谈。这会使你了解每个人的具体看法和需要。如对于电子商务的首页设计来说,通常会涉及组织中不同部门的利益,单独的面谈通常比较合适,可以了解他们对于界面的需求在哪里。

2. 技巧2:进行共同采访

召开小组研讨会,可以用来收集相对分散的需求,比如对首页来说,用户的需求会比较分散,焦点小组的形式就可以比较快的收集到尽可能多的需求。

3. 技巧 3：运用"用例"

这种以情景为背景的技巧可以帮助你以用户的身份按部就班将整个系统或流程走过场。它帮助你理解系统或服务是如何运作的。对于搜集功能性要求来说，这是一项很好的技巧，但你也许会需要多个"用例"来理解整个系统的功能。

4. 技巧 4：建立原型

建立一个系统或产品的模型，以便让用户了解最终的产品看上去是怎样的。我们在第 4 章会重点讨论如何建立原型。

同时，我们推荐以下几个沟通建议：

1. 注意不同的沟通方式的差异和效果

面对面的沟通，最易达成有效结论的沟通方式，适用全部，但是需要预约，对于高层管理者就需要尽可能早安排；电话的沟通，直接、反应快速，但不太适合讨论复杂的，或者流程化的内容；而至于越来越流行的 IM 工具，虽然它具备敏捷的沟通效果，但要注意的是，它比电话更难说清楚一件事情，除非拿它来展示图形化的内容。

2. 学会主持会议

会议准备：会议邀请、时间、会议室、投影仪、会议资料等；

开场：解释会议背景，说明会议讨论的内容和会议成功的标准；

控制会议：对会议的议题和范围进行控制，及时保证向会议成功的标准前进，尤其要注意会议时间不应过长，控制在 2 小时之内；

会议总结：及时对会议中每一部分达成的结论进行总结，记录形成的最终结论，说明下一步行动。

3.1.3 解释并记录需求

一旦我们已经把所有的需求进行了汇总并归类，此时需要确定一下哪个需求是可以实现的，产品是如何来实现这些需求的。为了解释这些需求，请按照下列提示执行。

将需求进行精细地定义——确保这些需求是：

（1）不是模棱两可或是含糊不清的。

（2）表述清晰的。

（3）每件事情都要了解得足够具体（项目的过度运行以及其他问题常常来自于我们对一些需求了解不够，认识不够或是分析得不够）。

（4）与商业需要相关联。

（5）清单罗列得够具体以便建立一个工作系统或是产品设计。

对需求进行优先顺序的排序——尽管很多需求都是很重要的,但是仍然有些要求是比其他的要求更加重要,而且预算也常常是受限的。因此,要确认哪些需求是最重要的,以及哪些是"如果有就很好"。

对变化的影响进行分析——进行影响分析以确保你充分地理解你的项目将对现行的流程,产品和人产生的影响。

解决矛盾问题——与关键的利益相关者坐下来解决任何矛盾需求事项。在执行这个步骤时,你也许会发现情景分析会很有帮助,因为它会让所有参与者探讨如果项目以另外不同方式进行将可能出现怎样不同的"未来"。

分析可行性——确认新产品或系统将会如何可靠和容易使用。一项详细的分析可以帮助你认清主要问题。

当你将所有的事情都已经分析好了以后,以书面的形式把你的重要结果和商业需要的详细报告向大家作一份简报。

3.1.4 MRD(市场需求文档)

市场需求文档(Market Requirement Document)是从商业的角度阐述产品的市场机会和市场需求的可能性,以及为了实现商业目标所需要的产品大概方向性的功能和特性,产品的规划。撰写 MRD,需要一定的市场知识,商业知识,以及数据分析能力。总体而言,一份成熟的 MRD 需要讲清楚以下几点:

(1)我们要做什么产品,商业目标是什么;

(2)为什么要做这产品,而不是别的;

(3)怎么做,将需求分块,进行优先级安排;

(4)有什么,产品的功能架构,阶段性的产出。

而另一种常见的文件 PRD(Product Requirement Document,产品需求文件)则是将 MRD 更加具体化,具体阐明我们的产品的功能应该是实现成什么样。两者对比可见表 3.1:

表 3.1　MRD 与 PRD 的比较

对比	MRD	PRD
英文全称	Market Requirement document	Product Requirement Document
中文翻译	市场需求文档	产品需求文档
文档类型	过程性文档	过程性文档
文档作用	对年度产品中规划的某产品进行市场层面的说明	对 MRD 中的内容进行指标化和技术化

续表

文档意义	承上启下,"向上"是对不断积累的市场数据的一种整合和记录,"向下"是对后续工作的方向说明和工作指导	承上启下,"向上"是对 MRD 内容的继承和发展,"向下"是要把 MRD 的内容技术化,向研发部门说明产品功能与性能指标
文档撰写	主要从"市场的问题和机会、市场特征、用户特征、使用者特征和市场需要"这几个方面进行说明	基础依然是 MRD 中的内容,重心放在"产品需求"上,加以详细的说明和描述
错误认识	(1) 没有"市场"的思想,由于许多企业将产品经理归类为技术端岗位,导致其产品文档侧重于功能描述,缺乏对基础性市场的认识和记录; (2) 照搬国外的 MRD 文档模板,缺乏对自身产品的市场及特征认识	(1) 缺乏原始数据(MRD)的支持,只是按照个人经验,部门或领导要求指示撰写; (2) 只重视产品功能的描述,缺乏对其他指标(功能要求、开发要求、兼容性要求、性能要求、扩展要求、产品文档要求、产品外观要求、产品发布要求、产品支持和培训要求、产品其他要求)的说明
文档侧重	产品所在市场、客户、用户、购买者以及市场需求进行定义,并通过原型的形式加以形象化	产品功能和性能的说明,相对于 MRD 中的同样内容,更加详细并进行量化,需要较细致的原型

最后,确保你所得到的是关键利益相关者或关键利益相关者小组认为这些要求准确地反映了他们的需求。通常这种确认可以借由 MRD 的评审会来进行。为了确保评审会顺利开展,也可以在正式评审之前和个别利益相关者预先确认。

3.2 制定设计目标

简单而言,制定设计目标是指描述为什么做某个设计,做了之后需要达到的成效。设计目标是否明确、清晰,对于一个设计项目最终的成功有着决定性的作用。制定设计目标有助于设计团队就目标达成共识,从而保证在后续整个设计、开发过程中不会走偏。同时,设计目标提供了衡量设计成败的指标,有助于为设计的有效性正名。

设计目标通常包括以下三个部分。

1. 商业目标

商业目标指设计能实现的诸如销售、品牌知名度、成本控制、竞争优势等方面的具体指标。

2. 用户目标

用户目标包括设计所针对的用户群体，以及设计能为该用户群体解决什么问题或实现什么目标。

这里需要注意的是，用户的目标通常包含两个层面的意义，短期的行为目标和长期的生活目标。比如对于买彩票（图 3.1）这个需求而言，用户的行为目标是快速地完成彩票的购买，我们的重点在于节省买彩票的步骤，提升效率；而实际的生活目标是改善生活的需要，知道这些，我们可以针对性的向他推送其他的彩票种类或者增加追号功能等。

图 3.1 淘宝彩票

3. 成功标准

指定义产品是否成功的基本指标。例如，实现日均访问量 1000 万、使用户能在一分钟内找到所需产品等。

在实践中，设计目标往往受限于以下条件：

（1）有时候，很多产品的成功与否很难评价，自然设计目标就很难制定。比如对于频道类产品的设计，常规的做法是通过 UV、PV 来评价用来表示用户访问的数量以及产生的浏览量，但是这种单纯的商业目标会带来较差的用户体验问题，会使内容更多，界面更长。遗憾的是，在这些项目中，我们却很难去评价设计活动对用户体验产生的影响。因为对于大量信息的频道设计，用户往往愿意多花些时间自己去寻找内容。在此情况下，让用户自我报告满意度，通过对现有产品满意度的调研，制定出设计将要达到的目标。

（2）度量的数据和方式。要想确定目标，必须建立有效的数据监测机制，它既可以帮助我们找出目前的问题，也可以用来评价我们最后的完成情况。所以对任何产品必须进行有效的数据埋点。

设计目标的制定是多团队协商的结果。例如在一个企业中，可能包括运营团队、市场品牌团队、技术研发团队、客户服务团队等。在讨论完成后，设计目标需要以文档的形式记录在案，作为后续的参考及凭证。

3.3 制定产品设计原则

3.3.1 通用的设计原则

1. 简单

简单是指我们的设计易于理解，容易使用。这个原则在过去的设计历史中被广泛采用，然而要达到所谓的简单却并非易事。这是因为，在交互设计上，用户对于简单的理解并不一致。这种不一致性可能缘于各自的文化生活背景和生活习惯的差异。举例来说，对于西方用户而言，他们常会开车去超级市场购物，那里的商品严格分类，并且销售人员稀少，他们可以直接付款离开；对于中国，印度等东方用户，他们则长期去附近的杂货店，菜市场等不同地方购买日常生活用品，那些地方商品放置散乱，销售通常通过销售人员推荐进行。所以西方用户可能觉得严格分类，结构化，清晰化的产品陈列是简单的；但多数东方用户会觉得这样会增加他们寻找商品的时间，而将商品类目直观的展现出来，可能会让他们觉得更简单。这给我们的挑战是，我们在设计时需要明白对于大部分的用户而言，什么是简单的，什么会让他觉得复杂。尤其在进行改版的时候，要尽量平滑的过渡，并通过 AB 测试的方式比较流量和使用数据的变化。图 3.2 和图 3.3 就是一个中西方文化差异造成的对于购物网站信息结构设计需求差异的典型案例，明显中国人对于"复杂"的忍耐能力比西方人要高。

2. 可见性

可见性就是指产品的功能和特性能被用户明确感知的特性，并且用户能理解可能的操作以及相应的反馈。这很像我们使用任何一个开关，按下表示打开或者关闭电源。我们看到带下划线的文字链接，我们知道这个文字链接将带我们转到另一个网页页面。因为系统的可见性，它能让我们感觉可能的操作和安心的反应，这种反应应该和内心之中期望的操作是匹配的，并最好不要带来太大的差异。比如我们按下文字链接，文字的颜色没有任何变化，页面也没有任何反馈，我们自然地将这种情况解释为链接出错了。

图 3.2　美国 C2C 购物网站 eBay 首页第一屏

图 3.3　中国 C2C 购物网站淘宝首页第一屏

　　相对于淘宝的复杂首页，eBay 无疑提供了很好的可见性。尤其对于新手用户而言，eBay 将其功能分为欢迎来 eBay，eBay 购物保障以及登录，内容简洁明了。不过，现实的问题可能在于，很多电子商务网站随着业务的复杂之后,内容和服务也会变的复杂,这时候如何去增加网站的可见性,需要在信息架构、导航设计以及内容信息的可视化设计上展开相关的工作。在实际的交互设计中,这个原则通常意味着:

(1)系统的界面本身应该在整体上能让用户可以感知和理解,以判断正在访问的是什么类型的网站,为可能的操作做准备。比如对于像 Flickr 的首页(图 3.4),在下面列了网站的主要功能为上载,发现和分享。用户可以直观的理解这个网站是拿来做图片分享的。这种直观的感觉也有利于增进用户对网站的好感,觉得它可能是易于操作的。需要注意的是,当网站变得产品更多样,功能更复杂的时候,尤其要注意把网站的可见性展示出来,这有可能不太容易,但是对于新用户仍然很有价值。

图 3.4　图片分享网站 Flickr 的首页

(2)在具体的界面元素、设计模式的设计上,应该尽量直观,体现是什么像什么的原则。比如网页的按钮通常呈长方形,并有圆形的导角;输入框通常会是一个长方形的边框,有时候有内阴影。这些视觉的特征都使得界面元素看上去属于某一些模式。我们的设计要让我们在设计的时候,尽量在形式上服从模式原来的特征。

图 3.5 是淘宝购物流程中的步骤条,显示了当前的交易状态为"付款到支付宝",这个设计在已完成的状态下增加了时间戳,这无疑是一个好设计,如果能显示未来收货的估计时间就更好了。这个设计的缺点在于当前的步骤"付款到支付宝"过于像一个按钮,吸引用户去点击,实际上它的作用只显示当前的交易状态。

图 3.5　淘宝购物流程的步骤条

3．一致性

一致性是指设计要尽可能在概念和形式上和用户既有的认知匹配。它实际上包含两部分，一是指设计的概念符合现实世界的用户概念，形成一致，即外部一致性；二是指特定设计过程中，产出物之间要保持一致，即内部一致性。

如图 3.6 所示，豆瓣电台的播放键和停止键和真实世界的播放器一致，易于理解。

图 3.6　豆瓣电台的音乐播放界面

有时候外部的一致性可以转为内部一致性。尤其当我们创建新的设计模式时，通常会映像现实世界的模型，当这些设计模式上线被用户使用后，应该尽可能的掌握这些模式的评价情况，优秀的模式应该被固化下来，形成设计的模式库，并保持同样的组件和模式是一致的。

在考虑内部的一致性时，通常需要考虑他们在交互，视觉，术语或文案上的系统一致性，而不仅仅是视觉上的一致性。这些一致性包括，对于同样的操作,应该给予同样的反馈和提示;同一个事物不应该使用不同的名称;同样的组件,在形式和色彩上尽量一致,同样的色彩应该是相同的语义。

在实践中,我们经常会通过制定用户体验设计指南,来对设计的一致性进行定义。在制定的时候要注意需覆盖交互,视觉,以及文案,并使这些要素变成可以复用的组件。

4. 引导

曾经去过宜家(IKEA)购物的人常常有这样的感受,在导购区会不断发现自己喜欢的商品,即使是在里面待了较长的时间,仍然不会觉得太累,宜家的这种路线规划显然是经过精心处理的。

虽然网络是一个开放的系统,你随时可以打开一个界面,也可以随时关闭一个界面,但并不是意味引导难以实现。在实践中,成功的引导可以帮助用户消除对网站的陌生感,快速上手使用网站。以下将结合不同网站讨论引导的意义。

对于 SNS 网站而言,引导可以帮助用户从一个孤立者快速获取大量的好友内容,完成到成熟用户的快速转变,图 3.7 是一个引导用户添加好友的控件界面图:

图 3.7 Facebook 的注册后添加好友功能的引导设计

另外,引导常常被用来教育刚面临使用改版的用户,以帮助他们重新找回原有功能或发现新功能。图 3.8 就是 eBay 的新手教程界面:

图 3.8　eBay 的新手教程界面

eBay 曾推出的一个新版的搜索和产品列表界面,用放大镜告诉用户做了哪些新功能和特性,鼓励用户去使用。

引导也常常被用来设计频道页面,设计师们相信通过视觉的引导可以带来部分类似宜家导购路线设计的效果。虽然大量的眼动实验和心理研究表明,多数用户看网页都是采取扫视的形式,但经过规划的对视觉的引导还是存在的。就像听起来比较优美的音乐中,"强"、"弱"、"中强"、"弱"等拍子均匀地混合组合在一起一样。将视觉上的"强"、"弱"、"中强"、"弱"等强弱进行合理地调节安排的话,不会给人以"这里的东西太多了","页面好无聊","好沉闷啊"等感觉。

5. 容错

人们在使用产品的过程中,常会出错。相对于实体产品来说,虽然使用互联网产品的出错不会造成太致命的问题,但是如果系统不能预见或帮助用户犯错,那也是令人沮丧的事情。

我们常见的错误包括:(1) 错误,一般指理解上的偏差;(2) 失误,操作上的误差;(3) 遗漏,遗漏了相应的行为。

(1) 对于错误,要注意设计模式以及文案设计语义的正确性和一致性;

(2) 对于失误,要尽可能的实现兼容或提前容错设计,比如信用卡号的输入框设计,人们经常会输错号码,多了或者少了,这类的错误就可以考虑使用4 位一组的形式;而对于有些拷贝粘贴的号码,有可能携带空格,就需要考虑是否可以过滤特殊字符;

(3) 由于遗漏产生的错误,多见于复杂窗体的填写,这时候要区分清楚哪些是必填,哪些是选择填写。有时也因为步骤过多,比如分成几步的表格,如果填完后面的时候发现前面填写错误,应该让用户可以返回之前的步骤,系统自动保存相关的数据在本地。

6. 效率

效率是指用户执行某一任务所需要的时间或成本。对于效率的认同是一个普遍的共识,问题的关键在于如何提升不同情景下的使用效率。任务不同,效率的意义不尽相同。对于用户而言,如何快速找到想要的商品是效率,对于支付而言,如何快速完成付款也是效率;而对于卖家而言,效率意味着他可以更快速的发布一件商品等等。但是总体上,还是可以分成两部分:

(1) 对于任务型的情景,我们需要考虑的是:

● 所有的操作步骤是否是必需的,有没可能略过中间的步骤;

● 鼠标移动的距离是否可以减少,是否支持快捷键的操作;

● 对常见的操作和不太常用的操作是否做了区分。

(2) 对于信息浏览型的情景,我们可以考虑的是:

● 搜索是否可以满足大部分的寻找需求;

● 筛选结果是否能满足大部分用户的需求;

● 信息架构是否足够清楚,并无歧义;

● 用户知道自己在哪里并且知道如何返回。

7. 反馈

反馈是指用户向系统执行操作时,从系统得到的提示信息。有效的反馈涉及响应的时间,反应的内容以及反应的方式。就响应的时间而言,对于窗体类的操作,反馈应该逐条进行,而不要等所有窗体填写完毕,提交完了之后进行。对于像动画加载这样的情景,等待的时间最好不要超过 7 秒钟,并且提供小动画,以表示正在工作,而不是宕机。有研究表明人能接受的注意力限度约为 7 秒,超过将丧失耐心。图 3.9 就是一个出错反馈提示的例子,用户由于混淆淘宝账户名与支付宝账户名,非常容易输错账户名,此时需要提示为什么出错而不是单单说明"用户名账号不存在"。

图 3.9　支付宝登录窗口的出错提示

需要明确的是,反馈很多时候是希望用户做出决策,它往往是整个操作流程中的一部分,所以反馈的信息应该尽量的简单明确,如果反馈本身设计的复杂,只会让用户感到更疑惑。比如,不必要的弹出窗,以及过于复杂的语言,过于技术化的术语等等。

相对于互联网产品来说,手机或者其他终端往往能提供更多的反馈形式,比如声音,触觉等等,这无疑极大增加了反馈的有效性。尤其是在实时沟通工具上,消息的提示音可以使我们即使在执行其他操作时,也可以注意到是否有新消息。一个可能的设计是,我们可以像手机的来电铃声一样,对不一样群组的好友进行不同消息提示音设置。

3.3.2　制定设计原则

之所以要制定设计原则是因为它是一个重要的过程文档,向上可以将我们确定的目标分解,向下可以用于指导我们整个的设计流程,也可以在项目进行中来检视我们的设计是否偏离了设计原则。对于有些不太能量化的项目,我们也可以来评价我们的设计是否达到了预期的目的。在实践中,基于不同的设计目标,相应的设计原则不尽相同:

（1）如果我们的目标是希望提高注册的成功率，那么相应的设计原则可能是效率（减少步骤），良好的反馈（实时的输入校验）；

（2）如果我们的目标是希望通过推出新的市场留住用户，增进成交，那么提供有效的引导，美感的设计或者情感化则有可能成为主要的设计原则。

需要注意的是，很多时候多个设计原则之间可能存在着冲突。比如说，安全性有可能和效率之间是冲突的，强调安全意味着要执行更多的输入和确认。无论 PAYPAL 和 ALIPAY，针对不同 IP 的付款操作，都执行了较为严格的校验方法，比如通过手机发送验证码来确认身份，并且在输入成功后才能付款成功，这虽然有时候令人沮丧，但总比发生意外好吧。在完成设计目标和设计原则的思考后，最好有一个文件能记录这一过程，这个文件的记录要点可以包括：目标用户，用户需求，用户体验目标，影响目标的关键因素，设计目标，设计原则，表 3.2 就是一个需要满足两种不同目标网购用户需求的产品的设计目标制定过程：

表 3.2　设计目标制定示例

目标用户	目标用户 A（搜索型）		目标用户 B（浏览型）	
用户描述	用户特征：较丰富的网购经验，喜欢精打细算；使用经验：了解网购优惠方式，通过搜索引擎查找过优惠券，享受省钱后的愉悦；使用场景：购物前搜索优惠券		用户特征：较丰富的网购经验，对某些 B2C 网站有一定的忠诚度；使用经验：有过 B2C 网站的购买经验；使用场景：逛优惠券，根据优惠券找商品	
用户需求	查看全面、准确的优惠券信息	快速找到需要的优惠券	找到熟悉网站的优惠券	找到热门，有吸引力的优惠券
用户体验目标	抓住一切省钱的可能性，得到最省的优惠方案	找到可用的优惠券完成购买任务	购买可信任又划算的商品	找到优惠程度达到预期的优惠信息
目标的关键因素	1. 容易发现的搜索入口 2. 商家覆盖率高，可以比较优惠程度；优惠券信息便于浏览，且准确可用		1. 易识别的 B2C 网站标识 2. 商家覆盖率高，热门商家易发现 3. 优惠券信息便于浏览，且准确可用	
设计目标	1. 清晰，符合习惯的搜索入口 2. 商家导航，排序功能醒目可及 3. 商家筛选功能易操作 4. 优惠券信息主次分明，排列合理		1. 清晰的 B2C 名称和 LOGO 信息 2. 收录商家数量和知名商家醒目可及 3. 分类与商家的筛选功能易操作 4. 优惠券信息主次分明，排列合理	

练习

基础作业:根据交互设计的通用设计原则(或尼尔森10条可用性原则,见本书7.5中的详细介绍),每组根据下面的分组,选择一组,每组收集20个不良设计,并改进:

A. 电子商务　　　　　　　　　　B. SNS 类

C. Web 软件(E)MAIL/下载/图片类　　D. 即时通讯类(QQ/旺旺)

要求:

(1) 请至少详细比较每组3~5个产品后,再开始寻找不良设计的工作,每发现一个不良设计,请和组内设计师讨论,经确定后才能成立。

(2) 作业的格式包括:不良设计描述,违反了什么原则,改进方案。

(3) PPT 格式。

第4章
原型设计

本章导读

● 原型是什么?

原型就是产品的原始模型,是将设计概念视觉化,变成用户界面的结果,是整个产品面市之前的一个框架设计。简单地说原型就是将页面的模块、信息、人机交互的形式,利用线框描述和可视化,将产品脱离视觉设计状态下进行较为具象的表达

● 谁使用原型?

用例阐释者:用来了解用例的用户界面;

运营和产品经理:用原型描绘产品,以深入理解产品的结构;

图形设计师:建立一个大致整体的视觉效果,了解用户界面如何施加影响及它对系统"内部"的要求;

工程师和程序员:对后续开发工作有大体的评估,了解用户界面如何影响系统分析;

测试人员:用来制定测试计划,测试用例及后续测试活动。

本章重点介绍几种最为常用的原型设计制作方法。

4.1 原型设计概念

原型设计是交互设计师与 PD(产品经理)、PM(项目经理)、网站开发工程师沟通的最好工具。原型设计在原则上必须是交互设计师的产物,交互设

计以用户为中心的理念会贯穿整个产品。利用交互设计师专业的眼光与经验直接导致该产品的可用性。由于互联网以及其他信息产品的特殊性，我们需要快速而低廉的创造产品的原型，你可以用原型设计软件创建原型；也可以用身边的纸和笔，创建原型；你可以和你的团队成员，在某一个角落，利用白板或一块玻璃加上马克笔，创建原型。同时，由于原型设计传递的是用户最后可能使用的界面，所以它能使我们将焦点落在用户的层面来思考。这对于避免我们把产品变成功能的堆砌和组合，有重要作用。因为原型设计的这些特点，所以在产品设计和项目开发中被广泛采用。

如图 4.1、图 4.2 所示，当线框图原型加上注解就可以为综合技术与研发 (PRD)需求或其他流程图、导航图、规格等提供参考。

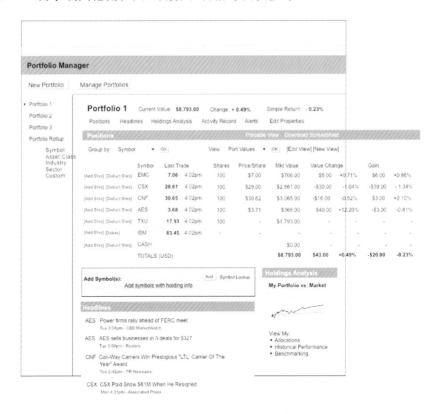

图 4.1　一个线框图原型实例

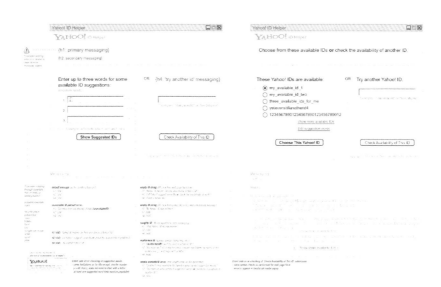

图 4.2　线框图原型结合文字注释的实例

在项目团队中,借助原型,我们可以把前期项目中,涉众对产品的理解,从概念的层面,转向更加具体的,有针对性的讨论;同时也可以通过原型评估可能的开发工作。在实践中原型往往成为产品需求文档(PRD)的重要组成部分,因为它直观地展示了产品的最终形态。对于类似资讯频道网页,门户网站等信息量丰富大量,需要复杂页面,我们建议在产品需求阶段同时准备产品需求文档和线框图原型;同样的,对于需要用户大量操作和交互的界面,比如注册,购物车等产品,原型图能起到比产品需求文档(PRD)更加直接的沟通作用。

同时,原型设计作为重要的设计过程文档,比起最终上线的产品,它建造迅速:可以快速比较多种方案,在开发周期的早期,采用逼真度较低的可用性测试,然后再更新原型。如此快速而低成本的迭代设计,使我们的设计过程富有效率。

4.2　几种常用原型

原型按材质来分,可以分为纸原型以及线框图;按原型的最终使用界面是否更贴近用户,可以分为低保真原型和高保真原型。

4.2.1　纸原型

在纸张上绘画创建的界面原型(也可以是线框图的打印输出)通常会一次

性抛弃,无法重复使用。它的优点在于,纸原型设计和交流都不受场地和设备的限制。当你有一个很好的想法时,或是当你正和高层探讨,他的想法需要你们在界面层面确认时,你可以快速利用身边的纸和笔画出界面。这远比你打开电脑,用软件进行设计更加的快捷。从很多设计师的经验来看,纸原型相比屏幕原型,更有助于进行思考。纸原型的另一个重要作用,常被用来在项目的早期进行可用性测试,让用户直接观看原型,并说出他们的想法,设计人员可以现场改进设计,直到设计出符合用户需要的原型。图 4.3 是两个纸原型的实例:

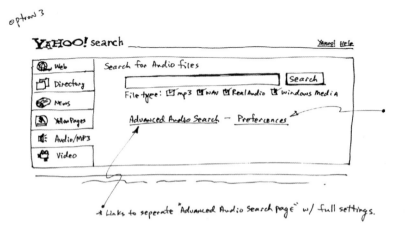

图 4.3　yahoo 搜索框的纸原型设计

4.2.2 线框图

线框图(Wireframe)是一种基于屏幕创建的界面原型,相比纸面原型,线框图具有创建容易,更易维护和更新的特点。借助特定软件创建的原型,可以通过调用鼠标行为事件等,更为逼真的演示上线后的产品结果,因此是一种使用最广的原型,例子见图 4.4。

图 4.4 一个线框图实例

线框图提供了一个供特定用户查看的界面的大体布局。所以在创建的时候,需要明确:

(1) **有助于查看梗概**:只是大概、很粗略地显示内容,所以不必进行过于细节的设计;不关心视觉设计和突出品牌,所以不必强调视觉和形式的设计。

(2) **有助于表明信息和控制的组织形式**:重要信息应放在重要的位置,相关的信息应该进行聚合,信息之间的重要程度应区分和排序,分清信息层次。

所以在开始进行线框图设计的时候,不必进行太细节的设计,而只需要表明每个区块信息有什么,相应的设计模式,以及大致的形式。随着需求的不断细化,技术的不断改进,以及业务规则的不断明确,我们可以展示更具逼真度的原型。

4.2.3 低保真原型和高保真原型

在实际的产品设计中,根据项目的进展,对产品的理解情况,我们可以展示不同细节程度的线框图原型,依据细节的展示程度我们可以将原型分为低保真原型和高保真原型。

如图 4.5 所示,设计师在低保真原型中,展示了基本的内容区块,大概的版式,通过色彩将相近的信息进行了区分,在图 4.6 的高保真原型中,我们可以看到已非常接近线上的真实版本,完整的呈现了导航,版式,每个内容区块具体的信息形式,完整的设计模式,链接的颜色等等。

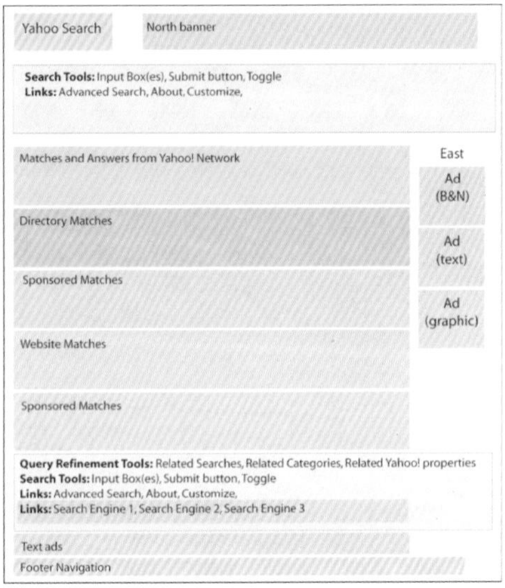

图 4.5　低保真原型

图 4.6　高保真原型

如何在项目中合适的展示逼真度是一个值得注意的问题。在产品的概念阶段，我们只需要展示集中功能层面，界面上要大概承载几个功能；在产品功能确定后，我们可以逐步将功能和信息块细化，增加设计模式；在视觉设计阶段，可以将界面更加精细化，增加细节，样式，色彩，更接近线上发布版本。所以，重要的是将注意力集中在产品团队的手头上的紧要问题。不要关注太多的细节，直到设计的关键组成部分已经确定。举例来说，核心导航在哪里？广告在哪里？这些问题决定页面的基本结构，可以通过低保真线框决定。而解决更多和更详细的问题可以通过一步步的增加的线框的保真度来解决。保持最关键的要素讨论焦点。

但在实际中，适时的展示细节也会遭到挑战，很多原因来自于大老板们通常不能正确理解低保真线框图所代表的意义，他们通常会说："不，这不是我想要的！这太粗糙了"。所以针对这类需求，你可以提交一个相对逼真的原型版本，有助于他认识到最后线上的界面会是什么样的。

4.3 如何进行原型设计

如何进行原型设计涉及以下几种技巧：使用合适的设计模式，有效的可视化交流以及采用合适的原型工具。

4.3.1 使用合适的设计模式

设计模式（Design pattern）是面向一类问题的通用的设计解决方式。比如产品需要搜索功能，那么就需要搜索框（Search Bar）；需要开关功能，我们可以提供广播按钮（Radio Button）；而对于复合的选择，我们可以提供多选框（Check box）。有些设计模式是系统自带的，有时候也叫控件库，更多的模式则需要我们在实际中，根据不同问题，设计相应的形态。事实上，随着互联网产品的应用喷发式的增长，我们已很难给出对设计模式大而全的定义，具体来说，即使一个通用的翻页，在不同的产品中，形态也不同。有关电子商务的设计模式，我们将在第五章进行阐述。

这里需要阐述的是，在设计或者对原设计模式进行创新的时候，始终要坚持的一条原则是：让设计模式提供可见性，是什么就应该像什么，从而让用户理解如何操作。

4.3.2 有效的可视化交流

可视化交流，是一种结合的产物，包括可视化的组织、用看与感觉来表达内容的最佳方式。它的意义在于,通过各种视觉元素的合理应用,有助于用户从整体上去理解界面的信息的层次;引导用户随着时间的发展顺畅的使用产品;一些巧妙的设计,能带给用户愉悦的使用体验。可视化交流(又称视觉传达)和传统意义上的视觉传达的不同之处在于:

(1)由于媒介的差异,在信息传递的重点上,可视化交流是基于信息的可用性,信息的设计需要满足用户查找方便的需求,而不是单纯的传递;

(2)由于涉及行为,可视化交流关注信息的分类和组织,设计模式的形态和展示,实现是什么,应该像什么的原则,方便用户理解并执行操作。

知觉理论也被称为完形理论,格式塔原理。人们在观看时眼脑共同作用,并不是在一开始就区分一个形象的各个单一的组成部分,而是将各个部分组合起来,使之成为一个更易于理解的统一体。此外,他们坚持认为,在一个格式塔(即一个单一视场,或单一的参照系)内,眼睛的能力只能接受少数几个不相关联的整体单位。这种能力的强弱取决于这些整体单位的不同与相似,以及它们之间的相关位置。如果一个格式塔中包含了太多的互不相关的单位,眼脑就会试图将其简化,把各个单位加以组合,使之成为一个知觉上易于处理的整体。

1. 我们如何使显示的内容清晰

区分相似的和不同的元素,把一些信息分组,给它命名一个意义,然后边阅读边理解。图 4.7 是几种可视化信息分组模式,从左到右分别是 Proximity(接近性:元素相近并成一组)、Similarity(相似性:形状、大小、颜色相似)、Continuance(连续性:通过基本样式合成一组)、Closure(闭合性:在组元素之间有空间分割)。

图 4.7 清晰内容排版的四种方式

2. 什么是关联

关联指在单独元素之间,兼顾整体,构成一个可以理解的"故事"。如图4.8 所示,颜色、纹理、形状、方向、尺寸都可以成为我们观察和理解"相同"和"差异"的关联元素,从而创建视觉差异。

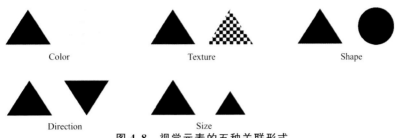

图 4.8 视觉元素的五种关联形式

3. 怎样看网页

"到处寻找有什么新鲜的、有趣的,又似乎是你正寻找的、可点击的内容"——用户如是说。

图 4.9 是国外一组"用户如何看网页"的研究,左侧图片是设计师希望的用户阅读顺序,而右图是用户实际的阅读方式:四周快速查看任何有趣的信息,只关注他们感兴趣和对其有价值的信息,或是看起来可以点击的部分,一旦他们发现差不多符合的部分就点击,如果不是想要的,点击返回然后重新浏览。

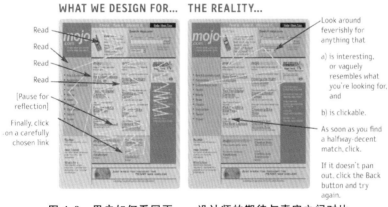

图 4.9 用户如何看网页——设计师的期待与真实之间对比

总体而言,用户对屏幕的阅读采取的是扫视的方式,并对屏幕中一些特别的,吸引人的信息投入更多的关注。所以有效的设计需要实现的是,告诉用户哪些是最有价值和吸引人的,哪些区域是可以点击的,并给用户提供向导。

4. 如何创建有效的视觉层次

(1)创建一个中心关注点来吸引浏览者的注意;

(2)创建兼顾顺序和平衡的条理;

(3)在整个过程中,引导浏览者,换句话说,它就是在讲故事,就像所有精彩的故事都具有开端,高潮和结局。

　　如图 4.10 所示,该页面将苹果的产品集中在中间的区域,我们可以明显感觉到前后的线性组织关系,这是一个令人印象深刻的层次设计。图 4.11 所示的是淘宝的"我要买"界面,界面提供了诸多的外部链接,试图方便用户获得促销活动资讯。但它唯一做到的就是对活动所在的商品类目进行了分类。其他,如广告条的排版上,字体选择上,核心信息的表达上都很不一致,这导致阅读困难,缺乏层次。对于很多电子商务平台,这是一个很常见的问题。我们可以提供一个相对宽的样式规范(Style Guide)进行规范。

图 4.10　视觉层次清晰的设计例子:苹果官网

图 4.11　视觉层次不清晰的设计例子:淘宝"我要买"频道

5. 一些典型的可视化交流问题

可视化交流在以前经常会归结到艺术性的设计活动,这常常使我们对这种艺术性的界面设计的评估变得很困难,但当我们从信息的组织和有效呈现的角度来平衡它时,我们有了一个新的角度,以相对客观的方式去看待我们的设计。下面列举的是在原型设计时常会出现的一些问题:

质感强烈,影响对信息本身的关注:借助完形理论,人们需要对整体上有一个判断,才能理解这是一个什么产品,接下来可能实现的功能,以及需要的操作等。当质感过于突出时,人们的注意力会自然地落在质感本身,并理解质感表达的意义,这样,会很大程度的影响用户对产品整体的判断和理解。图4.12 使用了大量的质感和图层效果,虽然在整体的形式上看上去很不错,但在理解和操作上比较复杂。我们的建议是,质感强烈的设计比较适合信息较少,较为简单的产品,因为当信息复杂时,我们的重点是要使信息的结构和表达更易于理解,而在一些形式上的设计要适当削弱。

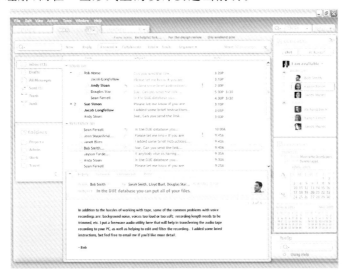

图 4.12　质感过于强烈的界面设计例子

强烈的视觉元素,影响我们认清设计模式:图 4.13 的例子中,采用了很多的视觉的元素,线,箭头(不同方向的箭头)。我们需要思考的问题是,用户在看到这个界面时,界面首先是否有利于他对整体的理解和判断,而不是将注意力落在那些强烈的线条和色彩上。这个例子中一个突出问题是,关于设计模式的可见性上,"联系卖家"的按钮是蓝色的,"加入购物车"和"立即购买"是橙色,创造这种差异的理由是什么,比较令人费解;在质感的选择上,采用了纯色的背景,也不太能让人理解这是按钮。

4.3.3 使用 Axure 设计线框图

Axure RP 能帮助设计者,快捷而简便的创建基于网站构架图的带注释页面示意图,操作流程图,以及交互设计,并可自动生成用于演示的网页文件和规格文件,以提供演示与开发。对交互设计来说,Axure 软件有以下几个优势:

（1）Axure RP 内置了很多设计模式,可以快速创建带注释的 wireframe 文件,并可根据所设置的时间周期,自动保存文档,确保文件安全。

（2）内置大多数的 widget 可以对一个或多个事件产生动作,包括 OnClick、On-MouseOver 和 OnMouseLeave 等。

（3）输出的文件可以直接用做早期的可用性测试,并根据反馈修改版本,甚至现场修改版本。

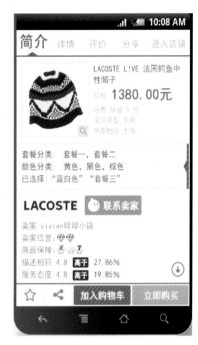

图 4.13　强烈的视觉元素,
影响认清设计模式

尽管 Axure 以及其他原型工具为我们提供了很多方便,节约了时间,但作为设计师我们还是建议加强自身的纸面原型能力,因为它更是一种随时随地展开思考和设计的好方法。

练习

基础作业:设计一个餐饮类团购网站,并用 Axure 绘制出网站主要页面的线框原型。

要求:请先绘制出网站大致架构,并详细设计包括首页,用户注册页,商品详情页,商品列表页等重要页面。

第 5 章

设计模式应用

本章导读

- **什么是模式?**

模式(Pattern),即解决问题的方法的集合。前人从实践的经验和教训中归纳总结出解决问题的模式,给予面临同样或相似问题的后人以参考和指导。从中可以看出,模式的价值在于给出问题的解决方案,并提高解决问题的效率。

最早,模式是由建筑师 Christopher Alexander 等人在 1977 年出版的《模式语言》中提出的。他认为,模式通过提供一种有生命力且共享的语言来提高人们的工作能力,这种语言"可以构建并设计城镇、社区、房屋、花园和房间"。

设计模式的类型及适用的范围非常广泛,本书中将重点提及频繁运用于电子商务网站的几个设计模式,其中有"注册"、"搜索框"、"搜索结果页"等。

借助这些设计模式,可以对设计模式的基本构成(定义、问题及解决方案、案例)有所了解,同时重点介绍,在不同的运用场景下,不同设计模式的使用技巧和多种模式相互结合的案例。灵活应用设计模式是本书提倡的思维,务必以达成满足用户的需求为目的的设计模式的创新。

5.1 交互设计模式概述

5.1.1 交互设计模式

设计模式(Design Pattern)是解决设计问题的一系列可行可复用的原则、

方案或模板。交互设计模式,是解决交互设计问题的一系列可行可复用的原则、方案或模板。

和其他领域的设计模式一样,交互设计模式也有其历史和发展,它是自交互设计诞生以来,设计者们对于自身或他人的设计案例进行分析、提炼和总结归纳出的。例如 Apple 公司为确保发布到 App Store 的 iOS 应用都能具有较高的质量,为 iPhone/iPad 开发者制作了一套完整的界面设计指南(Human Interface Guideline,简称 HIG)。HIG 实为 Apple 公司针对 iOS 平台的产品开发的设计模式的整理和总结。

但是在利用交互设计模式的时候,我们要记得"(模式)不是即拿即用的商品,每一次模式的运用都有所不同。"不同的设计模式是密切相关的,不能死板地套用模式,找到不同的设计模式的优点和有机结合点,以此来指导产品的设计和开发。

5.1.2　交互设计模式的价值

(1) 对于学习交互设计的新手来说,特别是涉足互联网、软件等 IT 行业较浅的人,交互设计模式提供新手一个学习如何做交互设计,特别是互联网产品的交互设计的范本。掌握和积累一些普适的设计模式,有助于设计师的发展,并创造性地颠覆这些交互设计"常规",以创造更优的解决方案。

(2) 对于 IT 从业较深的人员,特别是交互设计师来说,设计模式有助于:①提高设计的效率;②提升设计的效果。交互设计模式帮助设计师快速找到针对具体设计问题的行之有效的解决方案,从而提高设计工作的效率;而正因为交互设计模式是在行业以及用户普遍认知下所认同的设计方式、原则等,也是设计师与其他人员的沟通媒介,有利于达成共识和降低沟通成本,于是其设计效果也因此获得提升。

(3) 对于交互设计的发展来说,交互设计模式的形成是设计师等的经验总结和实践验证的过程,对交互设计学科的发展有着重大的意义。

5.2　搜索框

5.2.1　什么是搜索框

搜索框是以内容为主的网站中非常重要的设计元素,用户可以借助搜索框对网站的内容进行搜索,而不必通过导航或者胡乱点选去寻找"答案"。最常见的设计方式如 Google 和百度等搜索引擎,一般都是由一个可以输入文字信息的文本框加上一个按钮用户启动搜索组成,样式如图 5.1 所示,除此之外,和众多电子商务网站一样(如淘宝网和卓越网),经常会有辅助的标签区分用户欲搜索信息的属性或分类等。

图 5.1　一个最简洁的搜索框样式

5.2.2　如何设计电商网站的搜索框

问题:面对海量的商品,帮助用户快速找到想要购买的商品。

解决方案:根据电子商务网站及其内容的特点,在基本的搜索框的基础上进行相应的改进设计。图 5.2 为常见的两种方式:

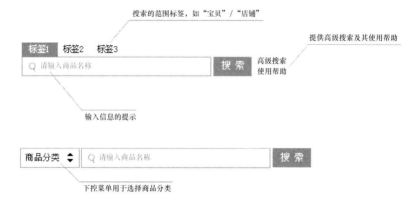

图 5.2　适合于电子商务网站的搜索框示例

如图 5.2 的线框图所示,一个适用于电子商务网站的搜索框需要囊括的基本元素如下:

(1)输入信息的文本框和启动按钮;

(2)"宝贝"/"店铺"等用于划定搜索范围的标签;

(3)文本输入框中的输入信息的提示;

(4)下拉菜单等多种表单控件辅助;

(5)高级搜索及使用帮助和热门搜索的关键字。

除了以上基本的视觉层面的设计元素外,也要适当考虑交互方面和其他设计模式的结合创新,在下面具体案例中我们将详细介绍淘宝搜索框的一些创新点。在这里需要提到的是以下几点:

(1)自动完成:其为一种文本输入框的设计模式,当用户输入信息的时候,猜测用户想要输入的内容并自动填充文本框。如图 5.3 所示:

图 5.3　带标签的搜索框的自动完成功能

（2）下拉菜单：利用下拉菜单来让用户缩小搜索范围，或者直接进入某个类目的商品页面。其中需要注意的是，下拉菜单的项目不可太多，超出窗口显示范围的部分将会被隐藏起来，并通过向下的箭头来指示仍有部分项目存在，如图 5.4 所示：

图 5.4　带下拉菜单的搜索框原型

（3）在网页中的整体设计：淘宝和卓越网（亚马逊）的搜索框就堪称是电子商务网站搜索框设计的典范，如图 5.5 所示：

图 5.5　淘宝和卓越网的搜索框对比

5.2.3 搜索框实际设计案例

搜索框的设计在电子商务网站中已经变得很基本，它对于一个信息架构或导航结构复杂的电子商务网站来说是极其重要的。基本的设计模式的使用和借鉴是简单的，这些设计方式也变得普遍。同时，面对新的问题，不同的设计模式之间的结合创新以及因需改进也是非常需要的。下面举几个淘宝网搜索框设计的创新的例子。

1．淘宝网：同店购

如图 5.6 所示，"同店购"旨在满足用户在同一家店买到多件商品的需求，同家店购买商品在运费上会给用户带去比在不同家店购买商品更多的便捷和优惠。在做产品设计的时候，交互设计师需要结合实际的用户需求，对设计模式进行实时地、变通地使用和借鉴，绝不能死板而直白地照搬照抄，因为不同的使用情景和不同的产品业务逻辑都会制约这个产品、这个设计最终成功与否，而这些制约正是来自于用户切身的需求。

图 5.6　淘宝网：同店购功能

2．淘宝网：框运算

这里指的"框运算"有点类似于百度近几年推出且反响良好的"百度框运算"。其创新点及优点是"自动完成"的进一步深化，即更加准确和具体地猜测到用户输入信息搜索的意愿，如在图 5.7 中用户输入"特价机票"，在输入框的下方即刻显示类似"同店购"结构的"淘宝旅行"服务，用户可以快捷地输入"出发地"（默认为你所在的城市）和"到达地"以及乘坐的日期（默认为当天）。

图 5.7 淘宝网:框运算功能

3. 淘宝网:自动匹配类目

"自动匹配类目"和上面提到的"自动完成"和"框运算"有异曲同工之妙。在图 5.8 中,用户输入"街头",输入框为用户自动补充可能的信息"在女装/女士精品分类下搜索"、"在男装分类下搜索"其猜测和补充的信息是关于服装类目的自动匹配,提供用户快速选择类目,当这种使用和搜索的习惯培养起来之后,用户的输入成本将大大降低,使搜索框从"可用"到"好用",提高了使用的效率。

图 5.8 淘宝网:自动匹配类目功能

4. 细节设计:按钮名称和类目名一一对应

"按钮名称和类目名一一对应"出现在"淘宝网服装"的页面中(图 5.9),虽然并不是"主搜索框",但其在"降低用户认知记忆和阅读成本"上的"微创新"是非常值得借鉴和学习的。其以用户的需求和使用体验为出发点,在最基本的搜索框设计模式的基础上进行了细微的改进,却产生了对用户细致关照的效果。

图 5.9 设计细节——文字对应

5.3 注册表单

5.3.1 什么是表单

表单(form)由表单标签、表单域和表单按钮构成。其中包含众多元素，如文本框、密码框、隐藏域、多行文本框、复选框、单选框、下拉选择框和文件上传框，提交按钮、复位按钮和一般按钮。通过表单，用户可以提交注册账号密码、博客评论等文本和数据信息，图 5.10 就是一个典型的例子：

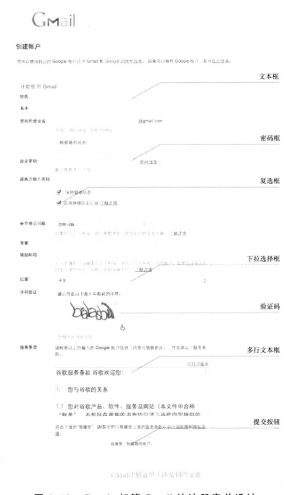

图 5.10 Google 邮箱 Gmail 的注册表单设计

5.3.2　如何设计注册表单

问题：为新用户设计注册或登录的表单，保持表单的简洁和清晰及较佳的使用体验。

解决方案：如图 5.11 所示，注册表单需要的基本元素为：文本框和提交按钮，以及必要的标签和文字。

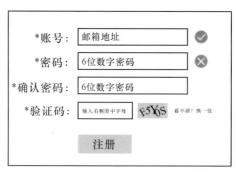

图 5.11　一个简洁的具有最基本功能的注册表单的原型

注册对于用户来说是打开整个网站的窗口，对于新用户来说更是如此，往往透过表单的设计能够窥探出整个网站的交互设计是否足够到位，用户体验是否良好。如图 5.11 所示的注册表单设计模式，在具体设计的时候，需要注意的地方如下：

（1）表单的标签和文字描述需要满足可读性和可辨识性，语言言简意赅，不致使用户迷惑。

（2）将功能上或内容上相近的信息组合在一起来表达一个完整和符合逻辑的意思。如"账号"和"密码"和"注册"按钮的组合给人以注册的理解。

（3）在文本框中默认填充必要和合适的说明性和指示性文字。如在"密码"文本框中默认填充"6 位数字密码"，指引用户填写 6 位数的数字密码。

（4）标签如"账号"和"密码"等进行右对齐，而相应的文本框则需向左对齐。保持清晰和美观有利于用户识别和降低理解成本。

（5）"验证码"一直是备受争议的设计点，因其"数字/字母"的辨识性问题，虽然有助于账号和注册的安全和有效性，但给用户阅读和操作带来不少的不便。在设计的时候，需要明确验证码是否一定有必要设置，用户填写时是否要区分大小写，当然"看不清？换一张"是必不可少的，这在一定程度上缓解了用户在文字识别上的困难。

（6）必要的提示，如用于提示当前用户输入的"账号"是否可用的"钩/

又",是为了避免用户在全部信息填写完之后才发现"账号"不可用而重新来过的困扰。另外一个提示是标记是否为必填的"＊",即标有"＊"的项目是必填的,而其余可以选填。

5.3.3 注册表单设计案例

下面比较淘宝和卓越(亚马逊)的注册表单设计来挖掘实际运用中需要注意的问题有哪些。

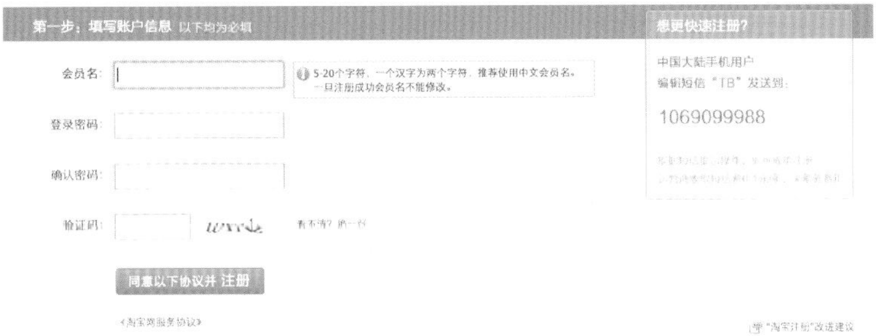

图 5.12 淘宝网注册表单设计(2011 年)

淘宝网的注册表单(图 5.12)相对于卓越(亚马逊),在可用和好用方面更加突出。淘宝网的注册表单的显著特点在于:

(1) **充分的提示和帮助**:如顶部的"第一步:填写账户信息"和"会员名"项的右侧提示"5－20个字符,一个汉字为两个字符...",特别是后者只有当用户用鼠标点选"会员名"文本框之后才会显示,也就是说当它 d"无用"的时候会处于"不显示"状态。

(2) **文本框是否选中的状态明显**:当文本框被选中之后,相应要输入的内容提示会在右侧弹出,并且底部出现一条浅橙色的背景加重选中的状态感,这两个细节引导让用户集中注意力于当前选中的项目。

卓越(亚马逊)(图 5.13)的注册表单设计得也许更加巧妙:

图 5.13 卓越(亚马逊)注册表单设计(2011 年)

（1）**注册和登录的整合**：卓越（亚马逊）的注册和登录表单被巧妙地整合在了一起。通过一个单选框，用户可以切换注册和登录状态，即"我是一个新客户"和"我是老客户,我的密码是:"

（2）**避免较多的文字描述**：对于新用户来说可能存在记忆和阅读的困难，但是对于第二次访问者或者老用户来说,其冗长的文字不会影响到登录的操作。

（3）当用户选择"我是一个新客户"时,用于登录的"我是老客户..."的文本框便会处于"未激活"的不可操作和写入的状态。

5.4 旋转木马

5.4.1 什么是旋转木马

现实生活中旋转木马（Carousel）,很显然是一种游乐场的大型玩具,如图5.14所示：

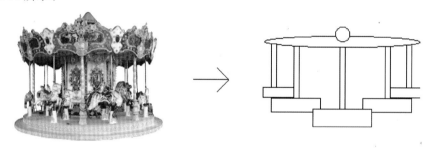

图 5.14 旋转木马模式的由来

在交互设计中,旋转木马是一种为了充分利用有限屏幕空间的设计模式。在展示一系列图片的情况下,通过前后,如同"木马"般旋转的图片会吸引用户的视线和注意力。图5.15为Mac OS Lion苹果操作系统中图片的预览方式,便是旋转木马的最直接的运用。其原型如右图所示：图片就像一个个木马,在空间上有一个前后的顺序。

5.4.2 如何使用旋转木马模式

问题：在屏幕大小有限的情况下,用户需要在同一屏下查看一些无法同一时间展示的图片,或者对图片的内容进行比较时。

解决方案：因其在有限空间中展示图片的特点,旋转木马的方式便可轻易解决以上提到的问题。在淘宝网等电子商务网站中可以看到很多旋转木马的

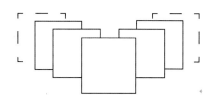

图 5.15 旋转木马模式的应用

设计及其原型,如图 5.16 所示,用户通过点击左右箭头,使这批(四张)图片更换为另一批,旋转木马的作用便体现为在有限空间中可前后顺序展示更多的图片。

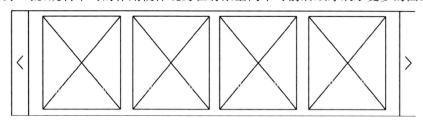

图 5.16 旋转木马模式的应用形式

旋转木马的用法其实较为简单,如上图淘宝中某种商品展示方式的原型所示,一般旋转木马由三个部分构成:

(1)图片内容,可包括图片本身、文字说明等信息。

(2)执行切换的箭头或按钮以及对应图片的序号。

(3)默认自动播放的机制,显示图片可执行的动作。

5.4.3 旋转木马设计案例

具体的用法根据不同的应用场景而有所不同:如果目的是在页面中展示三五张活动图片的信息,同时这些活动图片将轮流播放而并不受图片序号、执行箭头或按钮影响,那么可以借鉴如图 5.17 所示的淘宝网首页广告栏目中较为常见的运用方式。

图 5.17 旋转木马模式在广告区轮播的应用一

　　图片右下角的序号代表着一共有 5 张图片,而当前选中的图片为第 5 张,当用户点击序号,画面将会切换到对应的图片上,同时默认状态下,图片会按照从 1 到 5 的顺序循环播放。不同的运用方式和形式取决于不同的图片展示需求,即要达成不同的用户体验,需要斟酌如何调整基本的设计模式以适合和满足新的要求。

　　在图 5.18 中我们可以看到,设计师将图片的序号改为了诸如"时尚萌品护手霜"等图片内容的标题,在这个时候,设计师着重表达的是对应图片的内容是什么,而不是序号本身。而如图 5.19 所示,进一步思考了如何向用户及时反馈当前的状态,以避免用户的迷失,即让用户对于当前图片状态的认知负担大大降低。

图 5.18　旋转木马模式在广告区轮播的应用二

图 5.19　旋转木马在广告区轮播的应用三

如图 5.19 所示,在旋转木马的创新运用中,设计师的重点往往放在各个组成部分的细节改进上,"购物分享"是整块内容的标题,而之前单纯的图片被"用户"+"发表的内容"所代替,也就是说旋转木马中的图片内容可以由不同的元素构成,其最终的目的在于更好地呈现"评论分享"等这类较单纯图片更为复杂的信息。

5.5　步骤条

5.5.1　什么是步骤条

步骤条,是用户执行一个任务的步骤指示和引导,它的作用就在于让用户知道总体的步骤和当前所处的位置。一般来说步骤条整体被分为三个部分,分别是第一步、第二步和第三步,箭头表示方向。当然步骤条也可以更像日常生活一样生动拟人,如图 5.20 所示是一个准备食物的步骤条,当前正处于第一步。

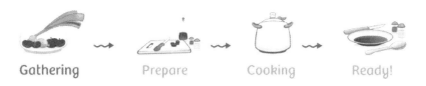

图 5.20　一个表示准备食物步骤的过程

5.5.2　如何设计步骤条

问题:当用户执行的任务或操作较为复杂和步骤比较多的时候,设计师需要考虑以一种方式来做好用户引导的工作,同时保证良好的交互体验和认知感受。

解决方案:可以像前面提到的最简单的步骤条雏形来做设计,主要由"步骤内容"、"步骤方向"和"步骤状态"三个部分组成,不过如此只能满足最基本的可用的效果,而是否需要进行更加细致和贴心的设计,这就取决于整个产品流露出的气质和当前这个任务及其用户的特点了。如为一个儿童网站设计一个"教小朋友如何折叠衣服"的步骤条时,考虑到用户正是可爱好动的儿童,那么步骤条务必设计得生动活泼,同时也要达成基本的指引效果。

看似简单的步骤条的设计其实可以多样化和富有创造性,当然前提都是完成它需要满足的功能需求,即用户的指引,特别是对于新手来说。

5.5.3 步骤条设计案例

图 5.21 中简单的步骤条在这里也有了比较创新的设计:

Sendungsnummer 151053125991

UPU Code / Matchcode	CL692701723DE
Produkt / Service	Sendung in das Ausland (China)
Status vom Di, 30.08.11 12:58 Uhr	Die Sendung ist im Zielland eingetroffen.
Nächster Schritt	Die Sendung wird zum Zustell-Depot transportiert.

– **Detaillierter Verlauf Ihrer Sendung**　　　　›**Statusbenachrichtigung** ?

60%

Datum/Uhrzeit	Ort	Status
Mi, 24.08.11 13:02 Uhr	DE	Die Sendung wurde vom Absender in der Filiale eingeliefert.
Mi, 24.08.11 19:50 Uhr	Rüdersdorf, DE	Die Auslands-Sendung wurde im Start-Paketzentrum bearbeitet.

图 5.21　DHL 物流状态的步骤条设计

(1) 给出整体进度的百分比,如当前状态到了 60%。让用户可以很清晰地知道货物运输的完成程度是几成。

(2) 步骤的内容不再是呆板的文字,而是以图形的方式呈现,这种方式比较生动地描述了各个步骤物流运输具体的事项,给用户在认知上减轻了不少负担,因为单纯的文字在有限的空间中也不好描述具体的运输事项。

从以上两点可以看出,步骤条的设计,在不扭曲实际引导功能的基础上,仍有许多可以创新和变化的地方,细节的把握可以使用户体验达到较高的水平。

如图 5.22 所示,淘宝网新手帮助页面的步骤条,它将在淘宝网进行的操作从"注册"到购买后的"收获 & 评价"按照顺序借助步骤条的形式展示给用户。它的特点在于其不仅仅是演示步骤内容,方向和状态,当用户点击各个步骤时,画面将切换到对应的页面,用户便可以看到该步骤下有什么可做的。所以此时,步骤条不单单是视觉上的引导,也可以充当导航或执行按钮的作用。

图 5.22　淘宝网新手帮助页面的步骤条设计一

同样是新手帮助中步骤的演示(图 5.23),这个版本的特色在于其引入类似 eBay 物流的进度条的形式来表现当前的步骤状态,同时图标＋文字的形式让用户对于各个步骤的记忆更加深刻。

图 5.23　淘宝网新手帮助中步骤条设计二

5.6　搜索结果页

5.6.1　什么是搜索结果页

搜索结果页(Search engine results page,SERP)在维基百科中的定义如下:"指搜索引擎对某个搜索请求反馈的结果页面。"对于一家类似淘宝网的电子商务网站,用户对搜索结果页并不陌生,其是搜索商品和挑选商品的一个重要过程。正如维基百科中提及的,搜索结果页通常"包含了一个搜索结果的列表,图 5.24 是一个典型的搜索结果页,每个搜索结果一般都包含了:

(1)搜索结果网页的标题。

(2)搜索结果网页的链接。

(3)一段简短的并且与搜索关键字相匹配的关于网页的文字摘要。

图 5.24　来自 Google 的一个典型搜索结果页

（4）搜索结果网页缓存的链接。

除了以上的基本信息，搜索引擎有时还会根据情况提供其他一些信息，比如：

（5）最后抓取页面的日期和时间。

（6）搜索结果网页的文件大小。

（7）和搜索结果相关的同网站的其他链接。

（8）搜索结果网页上的其他相关信息，比如：评论、打分和联系信息等。"

5.6.2　如何设计搜索结果页

问题：用户利用搜索引擎（或搜索引擎作为产品一个组成部分）搜索和寻找信息或商品时，需要为其设计搜索结果的内容组织页面。

解决方案：从本质上来讲，交互设计师这时需要做的是去合理甚至生动地组织信息，以完成良好的信息和视觉传达。从一般搜索结果页的原型出发，可以寻找到应对不同应用场景下不同的搜索结果页的设计方案。

图 5.25 是一般搜索引擎搜索结果页的原型，其具备了搜索结果页应该具备的那些条件和元素，而对于一个类似于淘宝网的购物性质的网站而言，搜索结果页面将会与以上的基本形态有很大的不同。造成形式和交互方式等方面不同的原因是，不同类型的网站，其用户是不同的，其搜索的结果内容也是不同的，如 Google 搜索结果的内容是一个个与用户输入的关键字密切相关的网站的概要信息等，而网购用户需要的是一组组与其寻找的商品息息相关的商品"成列"的结果。

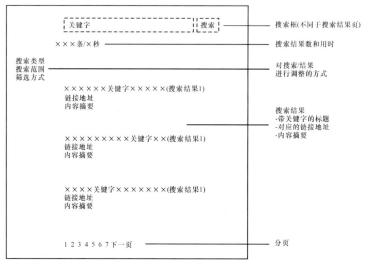

图 5.25　一般搜索引擎搜索结果页的原型

一个搜索结果页其实是有众多设计模块构成的,而这些模块对应着不同的设计模式,也就是说一个搜索结果页更像是一个设计模式的群组,以淘宝的一般搜索结果页为例(图 5.26),可以将其分拆成这么几个设计模式:

(1) 表单设计(用户使用表单对结果进行调整);

(2) 商品呈现设计(商品的成列和辅助信息的组合等);

(3) 分页设计(搜索结果页面的翻页)。

图 5.26 一个典型的淘宝搜索结果页(2011 年)

我们在具体设计的过程中,需要回答以下几个问题:

(1) 这个搜索结果页是给谁看的,针对不同的人群和搜索目的该如何设计?

(2) 搜索的内容是什么,是网站信息还是商品信息?

(3) 在考虑信息展示时,其是否满足最基本的可读性和可辨识性,是否有利于用户完成目标?

5.6.3 搜索结果页设计案例

1. 挑选框

用户可以借助"挑选框"对搜索结果中的商品进一步做出筛选和比较,这有助于用户做出有效和快速的购买决策。如图 5.27 所示,"挑选框"位于商品列表的上方,与最主要的"筛选条件"放在同样一个层级中。对于搜索的结果进行进一步调整筛选等操作对于用户来说是很自然和很有必要的,设计中需要更多考虑用户在使用中遇到的问题,如"挑选框"解决的是用户在浏览众多商品后无法方便地将商品放在一起看的问题。

图 5.27 淘宝网某搜索结果页的挑选框

2. 让筛选条件浮动

如图 5.28 所示,筛选条件(如排序方式、所在地和切换显示方式等)在用户往下浏览商品时,会相对于整个屏幕浮动,其目的显然是为了满足用户随时

图 5.28 一直浮动在屏幕上方的筛选条

调整搜索结果和做出购买决策的需求。

比较淘宝网和亚马逊两个网站搜索结果页中单个商品的设计范式,可以看出中西方电子商务网站在这方面的设计有一定的区别,首先要知道两个网站服务于两种人群,不同的群体会有不同的需求和倾向,同时不同的电子商务体系也促成了这种差异化。如图 5.29 所示,抛开中英文及其字体和商品的不同给人的感受不同,两者在设计上主要有以下不同之处。

图 5.29　对于单个商品信息呈现的对比

信息量:淘宝网尽量多地将该商品相关的信息都展示出来,而亚马逊则只把最主要的部分做了描述。原因除了中西消费者的不同以外,两者基于商品的体系制度也有所不同。

视觉焦点:淘宝网着重突出了价格、商品出处和其他一些商品属性,而亚马逊则基本没有视觉焦点,可能价格略有突出,但不明显。究其原因,可能是因为其设计策略只为着重商品图片,而让文字描述尽可能地不干扰到视线。

5.7　新手帮助

5.7.1　什么是新手帮助

新手帮助是为帮助新用户对产品如何使用进行快速了解和掌握的设计,也可称其为新手引导。在现实生活中,购买家电、玩具等,商家都会在包装里附上一本说明书,或者说是使用指南。而在这方面,苹果公司的表现恰恰相反,其推崇好的产品不需要使用手册,因为好的产品应该是简单易用、用户友好的。虽然苹果的产品非常易用,但也不会完全将"新手帮助"废除,而是在使用手册的设计上追求极简和易懂等可用性和良好用户体验的原则。

电子商务网站中,新手帮助尤为重要,特别是对于一个习惯于线下实体店铺购买商品的人来说,线上购物是一种超越往常习惯的购物方式,网站的设计者需要在"新手帮助"的设计上,尽可能明白新手是如何认知这个网站的,网站的使用流程如何呈现才是最易被阅读和理解的。

5.7.2 如何设计新手帮助

问题:电子商务网站的"新手帮助"的设计,面向的用户是第一次来网站注册登录的用户,他们也许有类似的使用经验,也许完全不明白这个网站是做什么的。

解决方案:"新手帮助"更像是由一个个设计模式组合而成的,从信息架构开始对所要呈现给新手用户的信息进行整理和组织,并结合步骤条、导航、搜索框等模式将信息有序呈现。如淘宝商城中新手帮助:"买家入门"和"卖家入门"便是借用步骤条的设计模式对整个淘宝商城从注册到购买评论这一系列信息和事件进行有序地组织和呈现,如 5.30 所示。

图 5.30 淘宝网针对卖家和买家设计的新手教程对比

设计电子商务网站的"新手帮助",可以依据以下原型来开展(图 5.31):

如图中原型所示,"新手帮助"的基本构成要素是:

(1) 快速寻找答案的入口,如搜索框、导航;

(2) 网站是做什么的,各个步骤之间的关系是什么?

在具体设计中,需要巧妙融合各种设计模式以完成"新手帮助"信息传达和用户指引。

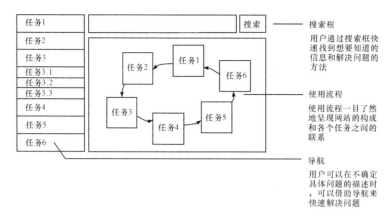

图 5.31 一个电商网站新手帮助的方案原型

5.7.3 新手帮助设计案例

对比几个不同电子商务网站，不同的出发点和用户使"新手帮助"的设计也有差异。当当网的"新手帮助"：导航＋搜索，在信息的检索和全面简单的展现上是比较中规中矩的(图 5.32)。

图 5.32 当当网的新手帮助页面

如图 5.33 所示，支付宝的"新手帮助"在信息的可视化及用户易用性上比当当有很大提高，对于新手来说，"新手帮助"如果难以使用或认知负担较重的话，就不能很好地起到"帮助"和"指引"的作用。

图 5.33　支付宝的新手帮助页面

　　淘宝网的"新手帮助"如图 5.34 所示，"买家入门"和"卖家入门"的设定是出于网站的使用者也分为两类，同时两者在淘宝网上执行的操作和要查看的信息也是不同的。从这一点出发，在设计"新手帮助"的时候，需要明白其面向的用户是谁？他们是否有喜好或使用网站目标上的不同？网站提供的价值和解决的用户需求都务必在"新手帮助"中淋漓尽致地体现出来。

图 5.34　淘宝网的新手帮助页面

5.8 评价/评分

5.8.1 什么是评价/评分

在互联网上,评价/评分是指用户对购买的商品、电影、书、文章、微博等进行评价和评分,评价/评分一方面是让用户发表意见和看法,此外对于其他用户也有很高的参考价值。如比较常见的电影的评级,如图 5.35 所示:

图 5.35 豆瓣电影的评级页面

图 5.35 中右上角 8.1 分是《猩球崛起》当下的评分,从中可以看到,五万多人对这部电影进行了评分,其中各个星级的分布为:五颗星 24.9%,四颗星 54.6% 等等。当然,其他人也可以给这部电影打分,从 1~5 星,五个等级,此外可以写"短评"和"影评"。

5.8.2 如何设计评价/评分

问题:电子商务中对于商品和店铺的评价/评分对于"后来者"非常的重要,在产品设计中需要考虑如何让评价/评分的过程更佳流畅简洁,并且使其呈现合乎可读性。

解决方案:淘宝网等电子商务网站中,评价/评分是用于对商品和店铺进行评级和管理的手段,而对于新购物者来说,评价/评分是其作出购买决策的一个非常重要的因素。借助表单元素和交互设计来满足用户填写和查看评价/评分,淘宝的设计原型如图 5.36 所示:

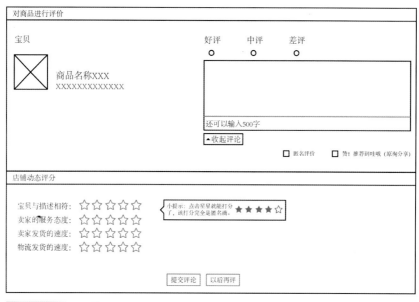

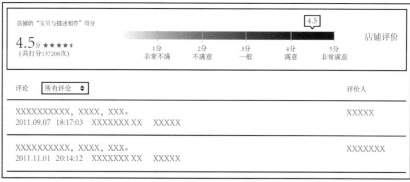

图 5.36 淘宝的评价/评分设计原型

总的来说,评价/评分的设计其本质是表单的设计。评价/评分充当着一个快速收集用户看法的简单工具,其被要求在很短的时间里完成,因为用户并不喜欢"思考",而且他们的精力和时间有限,特别不想把时间"浪费"在对其并无多大价值的事情上,所以在设计上要极其注重可用性和易用性,以及符合用户认知习惯。

如在图 5.36 淘宝网的"对商品进行评价"中，用户通过简单地勾选"好评/中评/差评"来表明对于本次购买商品的总体评价，而"店铺动态评分"则是以较常见的"五角星隐喻的 5 分量表"结合"小提示"。使整个评分过程显得简单易用。

评价/评分的展示形式，在保证可读性的前提下，可以考虑将信息更具可视化地呈现，如淘宝网"店铺的'宝贝与描述相符'得分"4.5 分是以气泡和 1－5 分的量度条形式展示。

5.8.3 评价/评分设计案例

以下是当当网和亚马逊的评价/评分设计比较。

如图 5.37 所示，亚马逊的"按有用程度排序"和"按发表时间排序"将评价按照用户的不同关注点进行分类，用户便可较快速地查阅到想看到的评论信息。

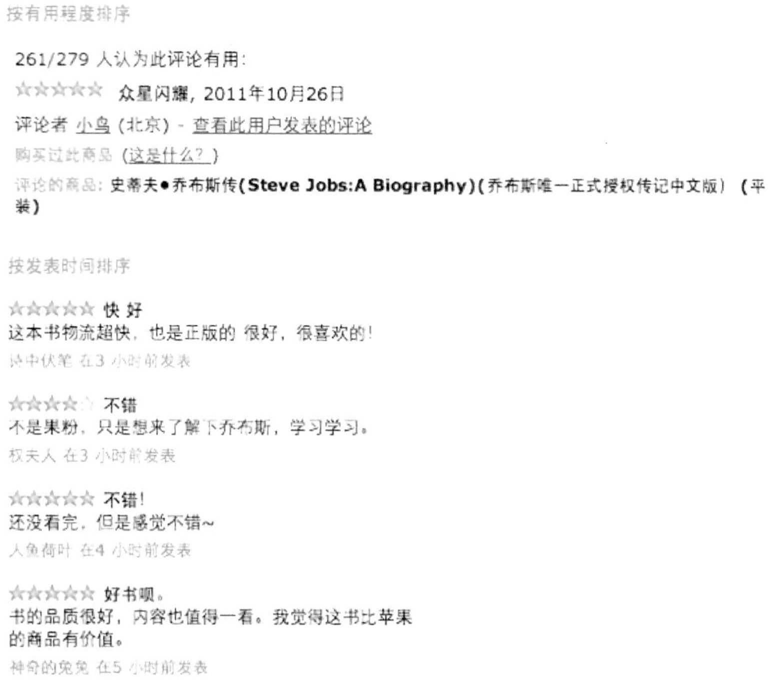

图 5.37　亚马逊评分设计之多维度排序

亚马逊的"您的投票很重要"（图 5.38），允许用户对单条评论是否有用作出判断，如此设计的用意在于让用户评论的真实性得以保证，而达到这个目的的方式是简单的两个按钮"是"和"否"。

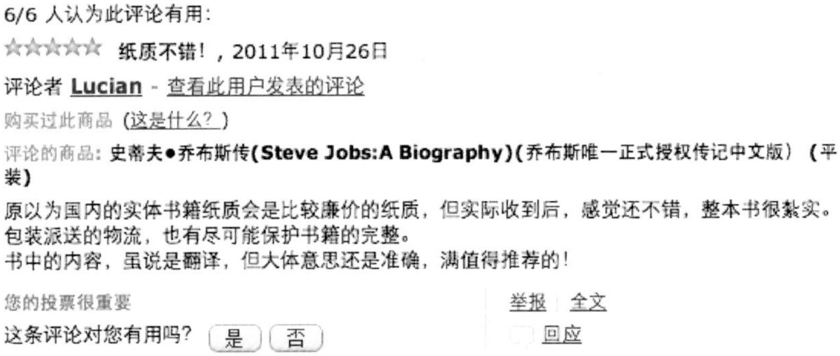

6/6 人认为此评论有用：

☆☆☆☆☆ 纸质不错！，2011年10月26日

评论者 **Lucian** - 查看此用户发表的评论

购买过此商品 (这是什么?)

评论的商品: 史蒂夫●乔布斯传(Steve Jobs:A Biography)(乔布斯唯一正式授权传记中文版) (平装)

原以为国内的实体书籍纸质会是比较廉价的纸质，但实际收到后，感觉还不错，整本书很紧实。包装派送的物流，也有尽可能保护书籍的完整。
书中的内容，虽说是翻译，但大体意思还是准确，满值得推荐的！

您的投票很重要　　　　　　　　　　　　　　举报 | 全文

这条评论对您有用吗？　是　否　　　　　　　☐ 回应

图 5.38　亚马逊评分设计之"有用程度"提交

图 5.39 是当当网的评价/评分设计，其运营的意味更加浓重，如"写购物评论，赚当当积分，赢购物礼券！"、"XXX 发表了第一条购物评论，轻松赚了 XXX 积分"这本身虽然违背了保持评价/评分简单的原则，但增加了用户参与评价/评分的积极性。

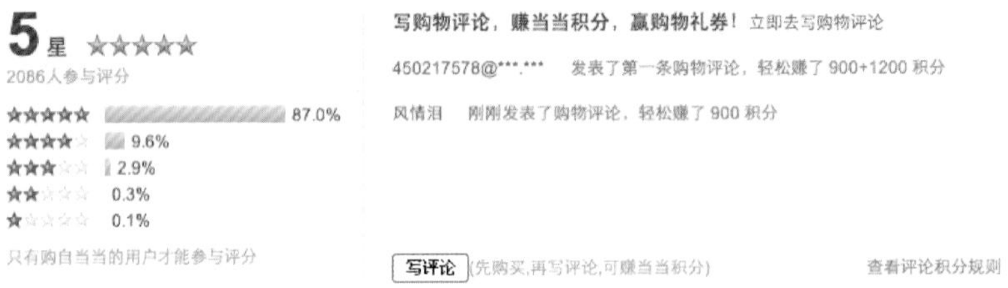

图 5.39　当当网评分设计之运营信息呈现

练习

● 题目:为淘宝设计一个统一的搜索框。

● 要求:淘宝目前各个页面存在各种不一致的搜索框，需要你为此设计一个一致的，能适用不同页面。比较一下 AMAZON,eBay,淘宝网的搜索。需要考虑的是，这个搜索需要兼顾不同的需求，比如商城，电器城，店铺，它们既有自身的搜索需求(商城有自己的商品和店铺)，同时用户也需要能搜索全站的商品和店铺。搜索框要包含所有使用中可能的交互界面。

第6章
细 节 设 计

本章导读

    细节设计是整个产品设计开发环节中重要的一环,用户看不到产品背后的逻辑和技术实现的方式,用户看到的是产品外在的视觉效果。在一个完整的产品设计流程中,完成原型设计之后,布局和元素以及设计的模式都已经敲定,后面需要考虑的问题便在于如何做好产品的细节设计,或者说是视觉设计。

    视觉设计,一般在互联网公司称视觉设计师为 UI,即 User Interface(用户界面)的缩写。也就是说,行业里已经习惯将以细节设计为工作重点的视觉设计师称作用户界面设计师。

    这时,细节设计往往决定了一个网站产品或无线 App 带给用户的第一印象的好坏。细节设计一般在原型设计完成之后介入到产品设计开发的流程之中,在这个时候,设计师注重的是产品方方面面的细节问题,比如一个字体的大小,某个版块的宽高等等。

    本文主要介绍细节设计中比较重要的两个方面:文字和色彩。文字和色彩是构成一个互联网产品最基本的要素,两者承载着产品对外传达的信息以及情感。

    其中第一节"文字"主要说明文本设计及其原则以及文案设计的建议,第二节"色彩"则主要说明色彩的原理和色彩的使用方法等。

6.1 文字

文本设计,即界面中文字的字体、大小、版式等方面的设计,在交互设计中文本设计极其重要,文本是整个产品中使用最多的一个元素,文本设计的最终目的就在于使用户的阅读体验达到最佳,满足可读可辨识性,并使文案的设计符合用户的心理模式,贴切合理。

6.1.1 字体和大小

相同的内容,不同的字体带给人们不同的感官感受。这一点在互联网产品中非常常见而不可忽视,如同样一篇文字,不同的网站样式赋予它不同的外在呈现,给人的感受是不同的。表 6.1 是淘宝登录欢迎语的字体例子,宋体较为正式和尊敬,楷体看起来有些"对话"感和亲切感,而幼圆则看起来比较可爱。

表 6.1　不同字体带来的不同感受对比

12号字体	图例
宋体	亲,欢迎来淘宝!请登录　免费注册
黑体	亲,欢迎来淘宝!请登录　免费注册
楷体	亲,欢迎来淘宝!请登录　免费注册
幼圆	亲,欢迎来淘宝!请登录　免费注册
微软雅黑	亲,欢迎来淘宝!请登录　免费注册
隶书	亲,欢迎来淘宝!请登录　免费注册

同样,产品中的字体和大小如何使用和选择,决定了用户阅读的体验是否良好。在长短文字较为常见的阅读型中文网站中,宋体 12 号便是最常见的字体及大小,这不是一种硬性的规定,而是一种习惯形成的规律,事实也是如此,书写论文时一般也要求使用 12 号宋体,其目的便是让人阅读方便,不至于造成太多阅读负担,毕竟文字的功能或目的就在于让人观看和阅读。

对于其中最重要的两个检验阅读体验的指标,可读性和可辨识性将在后面做详细介绍和说明。

6.1.2　行长和行距

行长,即一行文字的长度,为一个段落的长度,或者说是一个文字块的宽度。一段文字的高度受限于其行长,即,行长越长,其高度越低,呈现出的是扁平的效果。

行距,也称行间,是相邻的两行字之间的距离。无论是互联网上的文字,或者是书籍的印刷,合适的行距,可以给用户带来最佳的阅读体验。

为了给用户带去最佳的阅读体验,合理的行长和行距设计需要注意以下几个要点:

1. 避免行长过长

一个明显的例子来自非智能手机时代,如图 6.1 所示,门户类 Wap 网页一般有诸多标题构成,一行即为一篇文章的标题,用户一般会按照顺序从上自下浏览整个网页,当标题的行长过长时,会使原本较小屏幕可承载信息量更少,而增加阅读成本。

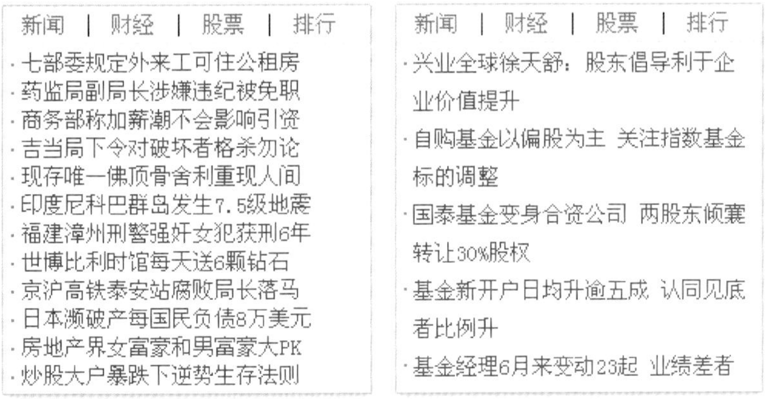

手机腾讯网WAP2.0新闻列表设计　　　　标题超长的效果示意

图 6.1　一个手机新闻 Wap 网页的标题列表设计示例

2. 行距务必大于字距

字距为一行字中两个字之间的距离,字距其实影响了行长的长度,字距越大,在信息量保持一致的情况下,行长必然会越长。在这边要说明的是行距与字距的关系,行距务必大于字距,其实道理很简单,人们阅读文字是逐行扫描,这要求行与行之间的距离要足够,并且不小于一行中两个字之间的距离,这样不至于导致无法辨识行与行之间的区隔。

如图 6.2 所示为字距大于行距的情况,造成横向逐行阅读很费力,因为会受到上下行文字的干扰。一般而言,中文论文的规范行距便是 1.5em,即字体大小的 1.5 倍,那么行文中使用 12px 的字体,其行距建议使用 18px 为适。

> 字体,又称书体,是指文字的风格式样。如汉字手写的楷书、行书、草书。是技术制图中的一般规定术语,是指图中文字、字母、数字的书写形式。中国文字有正、草、隶、篆、行五种。每种字体中,又根据各种风格,以书家的姓氏来命名,像楷书中有欧(欧阳询)体、颜(真卿)体、柳(公权)体等等。有一种字体,却不是创始人的姓氏,用朝代名来命名,这就是宋体字。

图 6.2　字距大于行距的设计使阅读困难

6.1.3　对比度

文本与背景之间的对比度在文本设计中也是一个比较重要的因素。一般需要注意文字下面避免使用带图案的背景,避免背景干扰文字的辨识,即在使用图案作为背景的时候,文字尽量与图案形成较大的对比度,或采用颜色较浅的图案。为了便于阅读,浅色背景上使用深色字体比深色背景上使用浅色好。这些都是生活中比较基本的常识,来自日常生活。

6.1.4　超链接

超链接在本质上属于一个网页的一部分,它是一种允许我们同其他网页或站点之间进行连接的元素。各个网页链接在一起后,才能真正构成一个网站。所谓的超链接是指从一个网页指向一个目标的连接关系,这个目标可以是另一个网页,也可以是相同网页上的不同位置,还可以是一个图片,一个电子邮件地址,一个文件,甚至是一个应用程序。

一般来说,作为一种特殊的文本,超链接的下划线能够起到指引用户点击和反馈其状态的作用。

6.1.5　样式排版

排版是将文字段落区块进行版式的排列和组合的设计手法。排版中需要考虑到之前提到的所有文本设计的要素,同时要将文本区块当做一个个独立的宽高可动态调整的矩形块或者其他形状。这样的认识可以让整个文本的排版设计上升到视觉传达的平面设计问题。其需要满足基本的设计和审美原则。

最常见的排版设计手法或者原则如:平衡、对齐和对比。排版的目的在于让整个版式取得平衡和谐,对于阅读者友好,而另一方面如果为了达到某种视觉冲击力,则其目的是制造一种张力,使信息的传递有效而生动。

在排版常见的方法中栅格是较为常见且广泛运用的一种。其解决的即是网页如何能最多的分割成为各种整数宽度的问题。图 6.3 为 950px 宽度的网页设计,其中便运用了栅格的方法,即如果把 30px 作为每个单独的单元格的宽度,10px 作为每个单元格之间的宽度。那么 950px 恰好可以分成 24 个小列,每个间隔 10px。

图 6.3　一个常用的网站栅格系统的范例

比较典型的页面分栏模式一般采用黄金分割比例,如图 6.4 所示,左侧：950px×0.618＝587px,右侧:950px× 0.382＝363px。

图 6.4　一个典型的页面分栏模式(黄金分割比例)

此外,3×4 网格是比较有名的一种栅格化设计范例。是 2006 年 Drenttel 和 Helfand 获得美国专利 7124360——计算机屏幕布局系统模块化的一种方法。通过 3×4 的栅格(1×1, 1×2, 1×3, 1×4；2×2, 2×3, 2×4;3×3, 3×4),可以得到 3164 种分割方式(见图 6.5 和图 6.6)。

如图 6.7 所示,Windows phone 7 系统 metro UI 的应用程序的入口由两列色块组成。这种信息分割的方式与榻榻米原理基本一致。这使得扁平化的信息界面有了一种自由、个性化的组合方式。

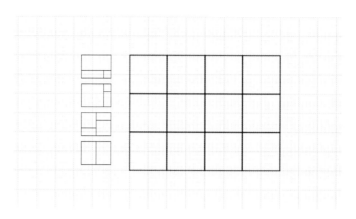

图 6.5 计算机屏幕布局系统模块化示意图一

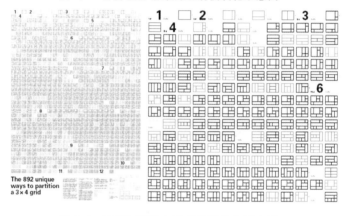

图 6.6 计算机屏幕布局系统模块化示意图二

图 6.7 Windows phone 7 系统 UI 设计

6.2　文本设计的原则

6.2.1　可辨识性

可辨识性,即人眼对于字体或行文、布局的辨识性,也是字体字母形状之间的区分度,是检验文本设计是否易于阅读的重要指标之一。也就是说增强辨识性,有利于增强用户的易阅读性。

文本设计中的可辨识性问题,最为经典和显著的例子便是,衬线体与非衬线体之间的对比。有衬线的字体叫衬线体(serif);没有衬线的字体,则叫做无衬线体(sans-serif)。衬线等具体的字体设计问题不作赘述。中文字体中,最常见的衬线和非衬线字体分别是:宋体与黑体。

图 6.8 左侧为宋体文字,右侧为黑体文字,显而易见,衬线体宋体比非衬线体黑体的可辨识性要强。

图 6.8　宋体与黑体的对比

从图 6.9 这个例子中,便可以很清楚地感受出衬线与非衬线在文本设计中,哪种是更具可辨识性的。可辨识性是服务于良好的较长段文本的阅读体验,所以衬线字体优于非衬线字体,即宋体优于黑体。而当行文中大部分为宋体等衬线字体时,为了使标题等文字能够突出和环境有所区别,黑体等非衬线字体则是最佳选择,其满足对比这一基本的视觉设计原则。

图 6.9　衬线字与非衬线字的易辨认程度对比

在具体文本设计中,需要明确该部分文本是否需要被用户长久阅读浏览,如果答案是肯定的,那么其设计必须遵循较好的可辨识性,否则就需依据具体情况而定。在长段正文中使用衬线体,有利于降低用户的阅读疲劳感,因为其可辨识性较强,如图 6.10 所示。

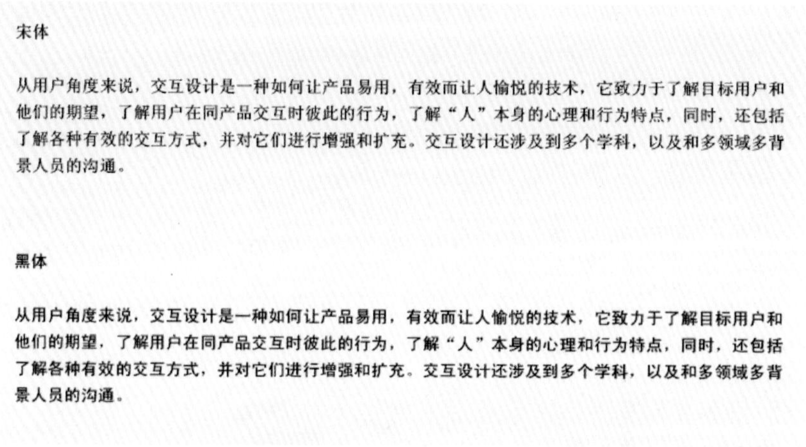

宋体

从用户角度来说,交互设计是一种如何让产品易用,有效而让人愉悦的技术,它致力于了解目标用户和他们的期望,了解用户在同产品交互时彼此的行为,了解"人"本身的心理和行为特点,同时,还包括了解各种有效的交互方式,并对它们进行增强和扩充。交互设计还涉及到多个学科,以及和领域多背景人员的沟通。

黑体

从用户角度来说,交互设计是一种如何让产品易用,有效而让人愉悦的技术,它致力于了解目标用户和他们的期望,了解用户在同产品交互时彼此的行为,了解"人"本身的心理和行为特点,同时,还包括了解各种有效的交互方式,并对它们进行增强和扩充。交互设计还涉及到多个学科,以及和领域多背景人员的沟通。

图 6.10 宋体与黑体在段落中的显示效果对比

6.2.2 可读性

可读性相对于可辨识性,是在文字意思层面上关于文本的阅读性是否良好的另一个指标,是指阅读的可能性和容易程度。可读性通常用来形容某种书面语言阅读和理解的容易程度——它关乎这种语言本身的难度,而非其外观。容易阅读的文本可以增进理解程度,强化阅读印象,提高阅读速度,并让人坚持阅读。

在文本设计中,可读性和可辨识性需要被一起综合考虑,同样是为了让阅读体验达到最佳,可读性专注于提升文字意思层面的可阅读性,而可辨识性则专注于文字形态形状等方面的可阅读性,两者需兼顾而不能去其一。

6.3 文案设计

文案是能够起到传达较为详细信息的作用。在界面设计中,文案的质量也会直接影响到用户的体验,因为它是网站界面的直接的详细信息传达。界面中的文案设计需要尽量符合以下几个原则:

（1）文案风格与网站风格相一致。非正式的，如轻松的、个人的、友好的、会话的网站，同样需要运用相同风格的文案风格与它匹配。

（2）保持语调一致。语调是文字内容对读者产生的作用、态度或印象，语调也反映了品牌形象和网站策略。务必确保整个网站的语调一致、并尽量使用主动语态，特别是书写关于行动的说明和标签时，主动语态比被动语态更显友好和直接。

淘宝体"亲，欢迎来淘宝！"即是一个绝佳的语调设计，其有利于让网站与用户更加亲密，如图 6.11 所示。

图 6.11   淘宝网欢迎语句的文案设计

（3）清楚而准确地向用户传达信息，措词力求意思准确、简练。表 6.2 是一些文案的使用例子。

表 6.2   文案使用建议

不用	换用
获取	得到
结论	结果
复制	拷贝
基础的	简单的
显著的	清楚的
相等的	一样的
有……的症状	表现

（4）将重复减到最少，通过设计省略文案。

（5）避免使用难懂的术语或专业名词。力求简练但不要意思模糊，避免缩写词，首字母缩写拼词和行话，除非完全确定用户能看懂。

6.4 色彩的原理

色彩和文字同样重要,界面的整体色调直接决定了用户对于该产品的第一印象。借助色彩风格带来的整体感受,了解产品是做什么的,以及它针对的用户群体及对待用户的态度都能在第一时间呈现出来。

色彩是人对光的一种视觉效应,人眼、大脑和生活经验共同作用使然。从中可以知道,人对于色彩的感觉不仅是物理性质的光的作用,同时还有心理因素的影响。究其原理,色彩的感知取决于光波与环境中物体的交互方式。有些光波被吸收,有些光波被反射,当光线碰到一个物体时,一些不能通过的光线将被吸收或被反射,人们所看到的颜色便是被反射的光波在人脑中的成像,如图6.12所示的色彩光谱便是整个能够被反射到人脑中的颜色范围。

同时,色彩的感知也受到物体所处环境的影响,物体被感知的颜色在不同的光的环境下会完全不同。

在这里不细说具体的原理,需要说明的是,一个物体的颜色并不是它本身的颜色,不是人自以为看到的颜色,而是被"抛弃"(反射)的光波的成像。

图 6.12　Color Spectrum 色彩光谱

6.4.1　屏幕和平面印刷的差异

软件或互联网产品的交互设计一般针对屏幕,也就是电脑的显示器和移动设备的屏幕,因此屏幕中的色彩使用和设计至关重要。更加需要注意的是屏幕和平面印刷在色彩上的呈现原理及标准的不同。屏幕的色彩来自于其自身的光线输出,是RGB原理,即红(Red)、绿(Green)、蓝(Blue)。而纸张上平面印刷色彩是CMYK,即青色(Cyan)、品红色(Magenta)、黄色(Yellow)及黑色(Black)。具体差异便是平面印刷中的色彩相较于屏幕会暗一些,也就是设计师在屏幕上设计好的色彩方案,其在印刷成品时会比在屏幕上显示的暗淡一些。所以为了避免这种情况的发生,常见的解决方案是在印刷前,将屏幕上显示的色彩的亮度微微调高一点,这样保证印刷成品的色彩与设计时保持相对一致。

提及色彩在屏幕和平面印刷上的不同,是为了说明,在不同的介质上因为色彩呈现的原理的不同会造成差异,如果不注意这种差异,那么便会让同一种设计的想法被用户误识，造成认知的差别。

狭义的交互设计只存在于数码的屏幕上，而广义地来说，交互设计绝不仅仅局限于此，它会被广泛考虑到各种设计领域和各种媒体介质上。

6.4.2　常见的色彩搭配方法

色彩的搭配一直是设计中最为重要且常见的问题，方法有很多，如相近色、对比色等运用，色彩的搭配的重点不是选择了哪个色相的颜色，而是多种色彩之间合理的组合，带给人和谐的感受。

这里介绍一种运用 PS(Photoshop)软件的配色技巧：

（1）互联网产品显然是在网络上传播，选色的时候需要将拾色器上的"只有 Web 颜色"勾上，如图 6.13 所示。

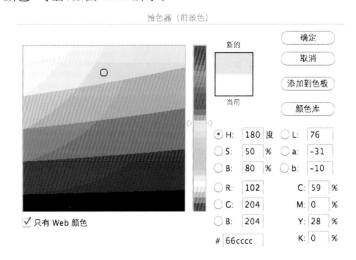

图 6.13　photoshop 中的 Web 拾色器

（2）设置如图 6.13 所示：♯66cccc 为配色方案中的一个色彩，其余一些色彩搭配可以在此基础上进行选择——只需修改色相（上下移动色柱）即可得到较佳的色彩搭配，如图 6.14 所示。

图 6.14　与♯66cccc 搭配的色彩

（3）上述色彩选择搭配的技巧，其原理是保持 S（saturation）饱和度，B（brightness）亮度不变，改变 H（hues）色相来选出五彩缤纷的多色搭配方案。

6.2.3 不和谐的色彩搭配

色彩的搭配设计在某种程度上是帮助用户更容易理解信息，而一些颜色的组合并不助于深度阅读，导致不和谐的效果，例如，应避免使用蓝色文字和小屏幕元素。图 6.15 就是一些文字和背景的搭配不利于阅读的例子，我们要尽量避免这样的颜色使用。

Saturated yellow and green	Saturated yellow and green
Yellow on white	Yellow on white
Blue on black	Blue on black
Green on white	Green on white
Saturated red on blue	Saturated red on blue
Saturated red on green	Saturated red on green
Magenta on green	Magenta on green
Saturated blue on green	Saturated blue on green
Yellow on purple	Yellow on purple
Red on black	Red on black
Magenta on black	Magenta on black

图 6.15　不和谐的色彩搭配示例

另一方面，人们对颜色的感知力和物体的大小也有关系。颜色的特殊组合会造成形状的改变，形成一定的假象，如果利用不好便会产生负面作用。

如图 6.16 所示红色方块在蓝色方块的上方，却有凹陷的效果。识别靠近光谱两端的颜色如红色和蓝色，人眼需要调节不同的聚焦长度来辨识和观看颜色，所以，时间一长会导致阅读和视觉的疲劳。所以在界面设计中特别是文本的设计应当尽量避免这些类型的颜色搭配出现。

图 6.16　容易视觉疲劳的颜色搭配示例

如图 6.17 所示,淘宝商城的色彩搭配并不尽如人意,红黑主色的不可扩展性是其硬伤所在。

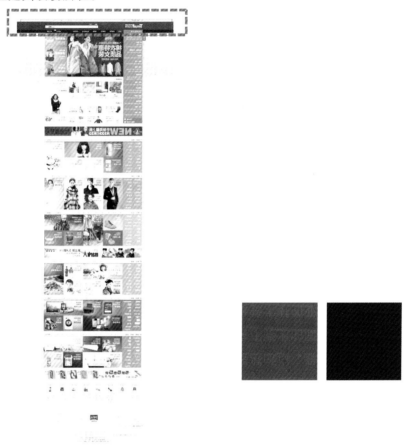

图 6.17 淘宝商城颜色搭配

黑色带个人"暗淡"、"黑暗"、"不信任"等较为负面的感受,而红色却有"强烈"、"热烈"之感,也很容易让人联想到情人节或者圣诞节等气氛。这两个颜色的组合势必导致界面的冲突和突兀感,不利于承载展示商品这一商城最基本特性,或者说是功能。

如果以红色作为主色调,那么其配色就需要用一些能够让红色更加积极活跃的颜色。如深灰色就是一种比黑色更好的搭配选择,因为作为中间色,它同时可以辅助到其他颜色的搭配。

此外,主色应该是要点缀使用在网站的各个地方,使整个网站传递的氛围一致。经过反复运用的颜色会给用户一种强烈的品牌认知感。例如图 6.18,

右边韩国的购物网站(Cjmall，Lotte. com)，它的主色能较好地分布在页面整体的各个部分，相对而言，淘宝商城的主色在整个页面就没有得到很好的运用。

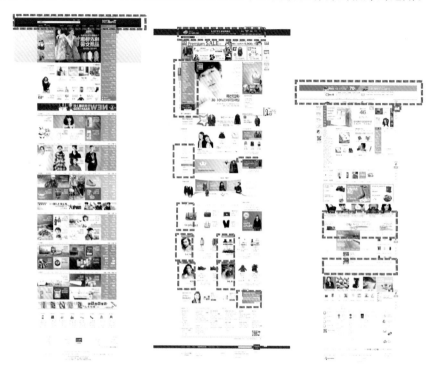

图 6.18　淘宝商城(Tmall)与韩国 B2C 购物网站的用色对比

　　色彩数量太多，或面积过大，都是不和谐的色彩搭配方式。在淘宝商城等电子商务网站中，色彩的运用是服务于更好的购物体验，即更好的商品展示或者说是成列，那么色彩至少不能够抢了商品的风头，并且色彩数量不宜过多，其面积不可过大。

6.4.4　色彩和情绪

　　不同的色彩色调会带给人不同的身心感受，会影响人的情绪，或者换句话说，色彩也有自己的情绪和气质。单色也好，多种色彩的搭配也罢，设计师透过颜色传达给用户情感和心理上的信息，如传达温暖、冷峻、甜蜜或者伤感。

　　色彩的直接心理效应来自色彩的物理光刺激对人的生理发生的直接影响。研究表明，在红色环境中，人的脉搏会加快，血压会有所升高，情绪兴奋冲动。而处在蓝色环境中，脉搏会减缓，情绪也较沉静。有的科学家发现，颜色能影响脑电波，脑电波对红色反应是警觉，对蓝色的反应是放松。

如上所述色彩影响着人的情绪,从而也会影响人们的购物行为。色彩是消费者消费决策因素中至关重要的一个因素。消费者在购物时,商品的视觉感官和色彩往往比其他因素更能决定消费者的购买。色彩可有效增加品牌认知度,在界面设计中品牌认知直接关系到消费者的认可程度。不同的色彩适用于不同的场景,并影响特定类型的消费者,从而改变或刺激到消费者的购物。物以类聚,人以群分,不同的色彩喜好也会将人分为不同的组别,其中男女对于色彩的喜好便有很大不同。

产品设计中需要细致的考虑到怎样的色彩和搭配能够带给目标用户群体一致的品牌辨识,以及契合他们对于色彩的偏好。

美丽说的"粉色"能够很清楚地传达出女性时尚美丽的一面,如图 6.19 所示,契合其作为女性服饰购物分享平台的定位,粉色作为主色,带给用户的情绪是甜蜜热情。

图 6.19 美丽说的"粉色"首页

如图 6.20 所示,中国建设银行则是大量采用蓝色作为界面的颜色,带给人冷静精明的情绪,让用户对其产生品牌的信任感和使用的安全感。

为了调查不同品牌的色彩给人情感上带来怎样的感受,有研究者做了如下一组实验。

实验名称:品牌色彩与其传递的价值感匹配度分析。

实验目的:网站的配色给消费者以怎样的心理暗示。

实验材料:从国际知名品牌中选取 30 个品牌,一线,二线,三线品牌各 10 个,提取色彩。

图 6.20　交通银行的"蓝色"首页

实验方法：问卷，共发放 28 份，其中有效问卷选取 26 份，男女各 13 人。

从国际知名品牌中选取 30 个品牌，其中包括化妆品类、女装类，一线、二线，三线品牌各 10 个，提取其网站的主要色彩元素，以色彩组合的方式呈现，过程如图 6.21 所示。再将取得的色彩组合打散去掉品牌的名称，划分昂贵与

图 6.21　电商网站抽取主题色彩过程

廉价的维度,以问卷的方式发放给用户。问卷如图 6.22 所示。

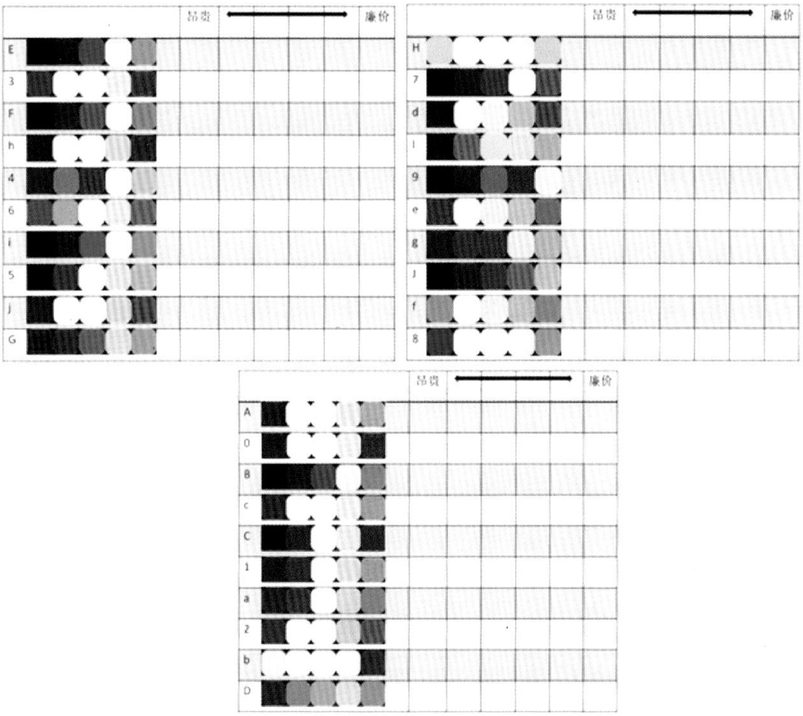

图 6.22　颜色感受认知实验表格截图

实验结论

(1) 配色上品牌定位最准确的前三位,如图 6.23 所示。

品牌和品牌配色		品牌定位	准确度(选择正确的人数比例)
1.雅诗兰黛		高	80
2.江诗丹顿		高	75
3. Folli Follie		中	65

图 6.23　配色与品牌认知实验结论一

共同点:这三个品牌都使用了属于同一个色相的一系列颜色,各个颜色之间的明度和彩度上有所不同。

其中,前两组色彩配色比最后一组来说颜色更为沉静,明度彩度都较低;最后一个色彩较为明亮活泼,给人以年轻感,故而最后一个品牌给人的产品价格的印象较上面两个低。

（2）配色上给人感觉品牌的产品价位最高的前三位,如图 6.24 所示。

品牌和品牌配色		品牌定位	选择高的人数比例
1.雅诗兰黛		高	80
2.江诗丹顿	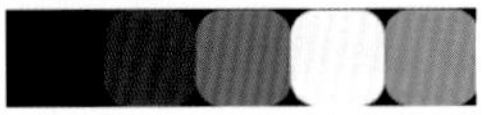	高	75
3.高丝	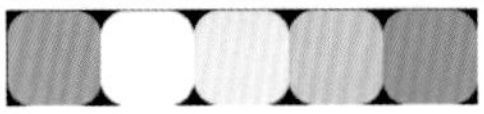	中	60

图 6.24　配色与品牌认知实验结论二

共同点:属于一个色相的颜色,明度不同,彩度偏低。

（3）配色上给人感觉品牌的产品价位最低的前三位,如图 6.25 所示。

品牌和品牌配色		品牌定位	准确度(选择正确的人数比例)
1.匡威		低	65
2.Crocs		低	55
3.H&M		低	30

图 6.25　配色与品牌认知实验结论三

共同点:使用了两个以上不同色相。明度中等,彩度偏高。

给人以奢侈高端的色彩配色往往是同一色相,在明度和饱和度上有不同。低端(sale,刺激消费)的色彩配色主要是两个（及以上）色相的颜色,明度中等,饱和度偏高。

6.5　色彩之分组、联系和区别

色彩在交互设计中也能起到将内容和视觉元素进行分组和归类的作用。可以赋予内容层次感和主次感。用户会对色彩相似的内容进行关联,将它们视为相近或相同类型的信息,而相反的,呈现出不同色彩味道的内容则被分为不同的组别中,相互区别开。浅色相对于深色在空间上更靠近用户,这样便可以调整明度和亮度让界面具有层次感或空间感。

如图 6.26 所示,北京地铁的示意图中采用不同的颜色标示不同的线路,这样便于区分和查询。色彩的分组、联系和区别也是服务于界面功能的。

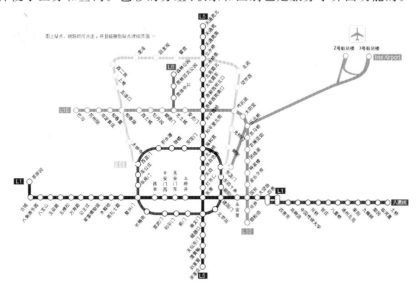

图 6.26　北京市地铁图

图 6.27 是一淘网的类目分组,它在同级类目的"一淘特卖会"使用了两种颜色;下面的"一淘专享"也是使用了两种不同的颜色,这就让用户觉得困惑。颜色本应该提供自然的分组与提示信息,让用户更好地专注于浏览的信息,而此处颜色分组则容易让用户摸不着头脑。

图 6.27　一淘网颜色标签的应用

6.6　色彩之文化差异和习惯用法

色彩的使用要考虑到文化风俗的差异及习惯用法的不同,特别是对于面向互联网的全球性产品,尤其需要考虑到不同文化背景下,人们对于色彩的认知的不同与隐喻的不同,所以尽量避开政治、宗教、文化中敏感的色彩。

在这个层面上,色彩的选取需要考虑到其受众是谁,也就是说产品的使用者是哪个国家的,哪种文化背景的。虽然,紫色是一种在泰国丧服的颜色,然而在西方文化,它代表着高贵、豪华、富贵,有时甚至代表着魔力,所以面向西方人服务的泰国航空公司网站的界面颜色采用的紫色是可以接受的。因为它让目标用户群体感受到豪华与舒适的感觉,同时散发着泰国的异国神秘气息,如图 6.28 所示。

图 6.28　面向欧美市场的泰国航空服务网站截图

6.7　为更多人设计

为更多人设计需表达一种普适的观念。考虑到人感知色彩的原理是通过眼睛和大脑的,那么对于眼部或脑部对色彩感知有损伤的人来说,要实现产品的普适,设计师则需要深切地从他们的角度去思考和观察世界,色盲色弱就是最为典型的一群人,他们看到的颜色是如图 6.29 的状态。

色盲的生理缺陷会影响到他们正常使用互联网。在图 6.30 的产品设计中就未能较好考虑到这个问题。

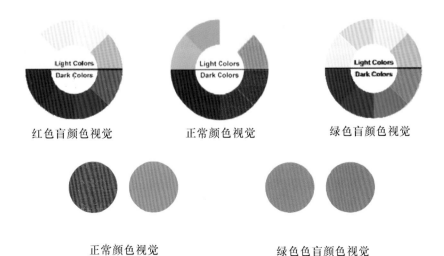

红色盲颜色视觉 　　　　正常颜色视觉 　　　　绿色盲颜色视觉

正常颜色视觉 　　　　　　　绿色色盲颜色视觉

图 6.29 红绿色盲对色环颜色的感知情况

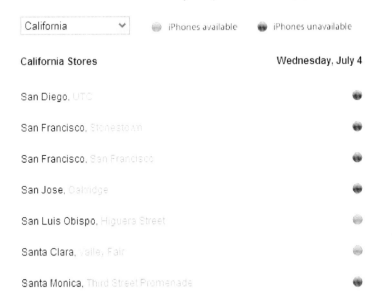

图 6.30 不利于红绿色盲使用的设计案例

在苹果网上商店中确认 iPhone 是否在用户所处地区有销售时,界面中使用红色表示否定,而绿色表示肯定。色盲是无法以此辨别销售情况。

为更多人设计,并不是满足所有人的需求,而是在满足产品受众的前提下,尽可能考虑到其中或潜在用户中是否有别于常人的特质,将其纳入设计决策中来,让产品变得更富人性味。

练习

在你平时最常使用的 5 个网站中寻找细节设计需要改进的点,利用设计原则进行分析,并提出更好的改进方案。

第 7 章

可 用 性 评 估

本章导读

设计,可被理解为设计师为用户面临的问题提供解决方案的过程。由于专业人士与用户之间存在着天然的差异,所以难以保证设计能够被用户完全理解,或是加以使用,并为他们带来良好的体验。因此需要科学地评估设计的可用性,以验证设计目的是否达到,设计结果是否亲和、简易并且有效。本章将首先介绍何为可用性,接着描述评估设计可用性的各种方法,以及进行可用性评估的价值。可用性测试是可用性评估最为常用的方式和工具,将作为本章的重点来阐述,具体包括进行可用性测试的基本流程与技巧,以及如何分析可用性测试结果等。

● **什么是可用性?**

根据 ISO 9241－11 国际标准,可用性是指产品在特定使用环境下被特定用户用于特定用途时所具有的有效性(effectiveness)、效率(efficiency)和用户主观满意度(satisfaction)。这三个指标的详细定义如下:

有效性:用户完成特定任务和达到特定目标时所具有的正确和完整程度。

效率:用户完成任务的正确和完整程度与所使用资源(如时间)之间的比率。

满意度:用户在与设计交互过程中所感受到的主观满意和接受程度。

另外,易学性、可记忆性、预防差错的效果也是检验可用性的指标。可用性评估就是围绕这些指标来展开的。一个可用性高的设计,能使用户迅速学习、记忆,顺利、高效地完成任务,并使产品获得较高的用户满意度。

【小案例】 驾驶舱仪表盘的可用性。如图 7.1 所示,飞机驾驶舱内的仪表盘,有上百个按键。一个具有有效性的仪表盘设计,必须能保证飞行员正确地完成飞行途中所需的所有任务。但这还不足够。在飞行途中有可能遭遇很多突发事件,如果设计对效率的支持不足,飞行员无法迅速找到相对应的操作键,很可能危及飞行安全。此外,飞行员长时间飞行,如果仪表盘操作令人烦躁不满,也会影响到他/她的表现。

图 7.1　飞机驾驶舱内的仪表盘区域

7.1　方法论概述

可用性评估是对设计的可用性进行系统地检验、评定的过程。最早的可用性评估方法(Usability Evaluation Methods)由 Cord 在 1983 年提出。在 1990 年,著名的可用性工程专家 Jacob Nielsen 也发表了他的一套评估方法体系。从不同的分类维度来看,可用性评估至少可以有四个方法论框架。

1. 按评估手段分

如表 7.1 所示,可用性评估按评估手段可分为三大类:测试、检视与探询。

表 7.1 可用性评估类型分类——评估手段

方法类型	方法描述
1. 测试法 TESTING ——用户使用界面完成特定任务	
有声思维法 Thinking-Aloud Protocol	用户一边进行测试，一边讲出自己心中所想
日志分析 Log File Analysis	测试者分析用户使用行为数据
回溯性测试 Retrospective Testing	测试者与用户一同观看测试时录像
表现测量 Performance Measurement	测试者记录测试中的使用行为数据（如效率、正确率）
合作发现 Co-discovery Learning	两个测试者共同完成某个制定的任务
2. 检视法 INSPECTION ——邀请专家评估界面	
规范检视 Guideline Review	专家检查页面是否符合规范（如功能、一致性等）
认知过程遍历 Cognitive Walk-through	专家模拟用户解决问题的方式
启发式评估 Heuristic Evaluation	专家指出违反了启发式规则之处
3. 探询法 INQUIRY——评估用户需求、期望	
实地观察 FIELD OBSERVATION	采访者在用户使用系统/界面的环境里进行观察
焦点小组 Focus Groups	多个用户参与讨论
深度访谈 In-depth Interviews	单个用户参与讨论
问卷 Questionnaires	用户回答问卷
自我报告日志 Self-Reporting Logs	用户记录自己与界面互动的行为并提交报告
截屏 Screen Snapshots	用户为某些存在问题的 UI 截屏
用户反馈 User Feedback	用户提交意见

2. 按参与评估人员分

如表 7.2 所示，可用性评估按参与评估人员分为：

表 7.2 按参与评估人员对研究方法的分类

参与评估人员	参与人数	典型方法
用户	单个	可用性测试、深度访谈、卡片分类、日志
	多个	焦点小组、问卷、合作发现
领域专家	多个	专家检视（认知过程遍历、启发式评估等）、数学建模（GOMS 模型等）

3. 按设计阶段分

如表 7.3 所示，可用性评估按设计阶段分为：过程性评估和总结性评估。

表 7.3　按照设计阶段对研究方法的分类

过程性评估	总结性评估
在设计过程中进行	在设计完成后进行
目的在于尽早发现可用性问题,从而在最终设计发布前解决这些问题	用于确认设计是否达到预期的可用性目标

4. 按数据来源分(图 7.2)

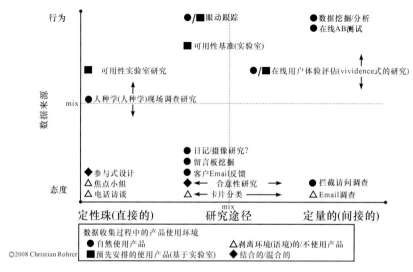

图 7.2　可用性评估类型分类——数据来源

　　可以看到,用户测试与专家检视是两种最基本的可用性评估方法。前者是邀请真实的用户试用设计,来揭示他们在实际使用过程中遇到的问题,并了解他们对设计的看法。相反地,专家检视,顾名思义是让一组可用性领域或设计领域的专家来对设计进行评估,通常会根据一系列已经预设好的可用性准则来进行。

　　值得注意的是,不同方法并非孤立、对立,是可以同时运用的。具体选择何种方法,取决于时间、金钱成本和设计所处周期等。

7.2　可用性评估的价值

　　从微观的角度看,可用性评估能为设计师提供直接的反馈,增强设计的可用性,并节省时间、避免在设计后期的返工。从宏观的角度看,可用性评估为企业或设计团队提升开发效率,降低开发的下游成本,如系统技术支持、培训和用户学习的费用。

7.3 可用性测试

可用性测试是最为常用和有效的可用性评估方法,一般适用于产品开发周期的各个阶段。无论是策划阶段的设计原型,或是要发布前的产品,可用性测试都是发现可用性问题最快速,最简单的方式。更早地在设计及开发阶段采用可用性测试,能给整个开发周期提供反馈,避免出现只实现功能,但产品却不好使用的情景。

7.3.1 基本概念

可用性测试就是邀请真实的用户来试用设计,这个试用过程包括了用户对可操作的原型 Demo 或试用版产品执行一系列的任务,观察或访谈来记录这个过程中用户的各个行为,如面临的疑惑,所犯的错误,获得成功的步骤以及其他反馈,从而揭示他们在实际使用产品过程中遇到的问题,并了解他们对设计的看法。

1. 可用性测试的类型

可用性测试可细分为实验室测试、现场测试、远程测试三种。其中以实验室(lab-based)测试最为普遍,指邀请目标用户来到实验室体验设计(可能是软件、网页、实体产品等)。现场测试则是在用户的实际使用环境中进行。远程测试是近年来开始流行的一种低成本可用性测试方法,主要针对网页/网站设计。

【小案例】 可用性评估的价值体现。

(1)Pressman(1992)的研究指出,80%的软件生命周期成本产生于维护阶段。

(2)Staple.com 网站界面在进行可用性评估优化后,中途退出率降低了73%,为公司每月增加 600 万美元收益。

(3)美国一能源公司的内联网进行可用性优化后,求助电话的日平均数由 300 下降为零。

(4)中国国际航空公司的网站在首页改版后,用户流失率减少了 15%以上。

2. 测试人员分工

对于面对面测试,都需要有两个以上人员,分别担任测试过程的主持人和观察记录员的角色。主持人通常伴随用户、为用户提供指示等,而观察者通常在观察室对用户行为、态度等做观察、记录。

3. 测试场地

对于实验室测试,标准的可用性测试实验室包括观察室与实验室两部分,中间通过单向玻璃区隔。观察室通常配备录音录像设备、记录设备,而实验室通常会尽可能模仿实际使用环境,并备有收录音的麦克风等,如图 7.3 所示。

图 7.3 国内外可用性实验室一览

近年来,为了削弱实验室的"实验"感,增加亲和力、使用户放松,可用性实验室的设计感也越来越强。如腾讯用户研究与体验设计中心就有三个装修风格各异的体验室(图 7.4)。

但装修完备的实验室或体验室并非开展可用性测试的必要条件。对于简易可用性测试(详见 7.3.3),空间和设备要求都可以极度简化。

图 7.4　腾讯的用户体验室

4. 测试时机与形式

在设计开发周期中，可用性测试有两个主要的介入时机：初始阶段针对初期原型（又称低保真原型），收尾阶段针对高级原型（又称高保真原型）。在这两个阶段，可用性测试的内容与关注点会有所区别。

在设计初期，往往会产出不具有交互和视觉细节的初期原型（以纸原型最为典型，详见本书 4.2.1 纸原型）。此时进行可用性测试，可以对整体功能点、信息架构进行评测。该阶段设计可更改程度更高，在一定程度上保证大方向不会出错。

在设计晚期，原型逐渐完善，与真实设计非常接近，交互、视觉元素较丰富，可用性测试则会针对流程、交互、视觉等设计细节展开。但该阶段设计可改动程度低，测试更多是为了保证流程的顺畅以及设计细节的完善。

7.3.2　测试流程

典型的可用性测试流程如图 7.5 所示：

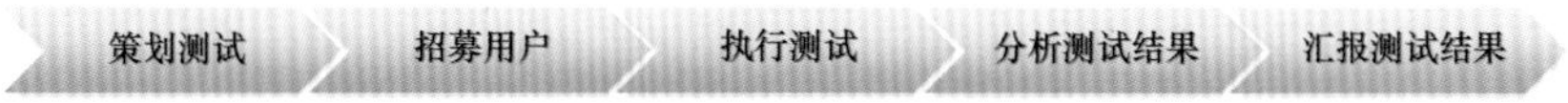

策划测试　　招募用户　　执行测试　　分析测试结果　　汇报测试结果

图 7.5　典型的可用性测试流程

1. 策划测试

在该阶段需要完成以下准备：

（1）整理背景资料：了解设计的项目背景、技术环境等。

（2）决定测试形式：根据设计所处阶段以及设计产出物，决定采用初期低保真原型测试还是高级高保真原型测试。

（3）确定测试目标：根据背景资料、测试形式，与设计师或设计团队明确本次测试主要要达到什么目标。例如是识别思维模型、评估信息架构、发现操作过程中的低可用性之处等。

（4）确定测试指标：明确本次测试要收集的数据种类。典型的数据种类包括：任务完成度、任务完成效率（时间、点击次数等）、出错率、满意度得分等。

（5）确定招募标准：根据设计的目标人群以及测试目标，确定需要招募怎样的用户参与测试。具体包括以下几个部分。

①测试群组数：如，单一用户组；新手 vs 专家用户组；男性 vs 女性用户组……等；

②各个群组的特征：如年龄、使用经验、购买记录等；

③样本的大小：可用性测试是一种定性方法，主要目的在于发现问题而非将测试结果推论到整个用户群体。而且研究发现，随着被试人数增多，发现的新问题也越少。因此对于非对比测试（即，只会测试设计的一个版本），业界一般规则是每个群组只需要 6～8 名用户。相比起增加每次测试的样本数，倒不如增加迭代测试的次数更有利于发现问题。关于样本问题，详见图 7.6 测试用户数量与准确度关系曲线图。

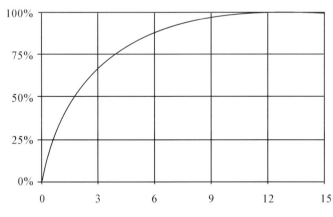

图 7.6　测试用户数量与准确度关系曲线图

④筛选方式：如通过后台数据筛选、问卷筛选等。

著名的可用性工程专家 Jacob Nielson 提出，测试 5 名用户就足以发现 80％左右的设计问题。随着用户人数逐渐增加，新增的问题数会越来越少。

从投入产出比的角度来看,一轮测试 5 名用户足以。

(6) 撰写测试情景与任务:与设计师或设计团队确认设计的典型使用情景和典型任务(如最关键的、使用频率最高的、最有争议的)。

编写测试脚本,为参与测试的用户(下统称被试)提供情景描述与任务。情景应该尽可能真实,以向被试提供动机;任务则应尽量简短扼要,并且无歧义。

值得注意的是,并非所有测试都是基于任务操作的。对于一些非任务为导向的设计,可以使用自由探索式测试。即,让用户随意使用,并观察他们的行为、反应等。

(7) 后勤事宜:准备测试材料;筹划测试场地、设备、日期等详细安排。

在完成以上 1~7 项工作后,应能产出一份可用性测试大纲。本章附录含一份典型的测试大纲样本。

2. 招募用户

根据事前确定的招募标准,开展招募工作。具体步骤包括建立筛选问卷、决定招募方式(如自行招募或委托第三方公司招募)、确定酬金、安排参与时间。

3. 执行测试

在执行正式测试前,通常建议先在内部进行预测试,以确认测试材料(主要是测试原型)是否完整、正确,设备是否运行良好,测试任务是否合理等。

对测试主持人而言,具体测试步骤大致可分为 9 步:

(1) 自我介绍:向用户简单介绍自己,需表现得友好。

(2) 展示知情同意书:向用户展示并要求用户签署关于隐私保护与保密设计的协议。

(3) 暖场、了解背景:通过一些轻松的交谈,帮助用户放松,适应环境,同时了解用户与待测设计相关的背景资料。

(4) 描述任务情景(对于基于任务的测试),请用户开始操作:向用户陈述任务,确认用户理解任务是什么,并强调该过程只是在体验设计,而非测试用户本身。

(5) 观察与倾听:在用户执行任务过程中,主持人应尽量不干预,让用户独立完成,但高度关注用户以下几方面:

①用户是否能完成任务?

②完成任务的流程是否与设计师所希望的流程相一致?

③是否感到困惑?

④是否犯错?犯错后是否能从错误中恢复?

⑤是否流露出某种情感？如烦躁、愉悦、不满等。

（6）回溯测试过程，探询：根据观察到的行为，借助回溯并提问的方式，深入探询用户做出某些行为背后的原因以及感受等。更多的互动技巧，请参考下面的表7.4给可用性测试主持人的建议。

（7）请用户回答满意度问卷：如果测试需要对满意度有一个初步评估，此时可让用户填写（通常以量表打分的形式）。

（8）简要小结：简单陈述整个测试过程，确认没有遗漏或误记。

（9）提供酬金，送别用户。

表 7.4　给可用性测试主持人的建议

可用性测试主持人的 Dos & Don'ts	
Dos	Don'ts
（1）如果在暖场阶段即发现用户不符合甄别要求，则礼貌地结束测试 （2）捕捉意料之外的行为，追问测试大纲以外的问题 （3）如果用户执行任务时完全迷失、不知所措，可进行适当的干预，如提供提示 （4）对用户行为、言论保持中立态度	（1）询问假设性的问题，如"如果是你，你会怎样设计？"、"如果这里变得更明显，是否会更好？" （2）提出暗示性的问题，如"你会如何放大这个图片？"，正确的问法是："你想改变图片尺寸时会怎么做？" （3）让用户产生"做错了"的挫败感，如对用户说，"你刚才选错了"

对测试观察记录员而言，主要工作是利用记录表做好用户行为及观点记录，尤其是对测试前确定的数据指标的记录。目前已有不少可用性测试记录软件，如 Morae、Data Logger 等。

4. 分析测试结果

可用性测试结果的分析，可简单概述为：从现象到本质再到相应对策的过程。可用性测试可能收集到大量的用户使用行为数据与观点，即所谓的现象。但分析并非仅仅对现象的整理和罗列，而是对造成现象背后的本质进行探索与分析，继而寻求最佳解决方案。

当然，整理测试结果是进行分析的第一步，需要把每场测试收集到的所有数据进行系统地整理归类。第二步则是对一些关键指标进行统计，如成功率、错误率、完成时间等。接下来，进入分析、总结发现的阶段，主要是识别：

（1）用户无法完成的任务；

（2）用户无法顺利完成的任务；

（3）哪些问题是所有组别的用户都遇到的？

（4）哪些问题是某些组别的用户才遇到的？

（5）数据指标与目标是否匹配？

至此，应能将现象转化为本质，得到一张问题清单。下一步则是根据严重性级别，对每个问题赋予评级。严重性级别通常为事先制定，它的制定依据与示例见 7.5 尼尔森的十大可用性准则。最后，根据严重程度对问题进行排序，并提供建议解决方案。

5. 汇报测试结果

可用性测试执行阶段的最后一步，是将测试结果反馈给设计师或设计团队。产出物可以是演示或文档的形式，并可提供录像、录屏等附加的说明素材，以传达问题的严重性。

小结：一场典型的可用性测试，会从每个目标用户组邀请 6～8 名真实用户参与体验设计。测试往往在实验室举行，由一名主持人指引用户完成一些典型任务，观察人员则在另一个房间对用户行为、观点进行记录。在全部测试结束后，需要对测试结果进行分析，总结归纳出设计的可用性问题。

7.3.3 测试技巧

在结束本章之前，补充介绍三种辅助可用性测试的技术手段。

1. 有声思维法

有声思维法（Think-Aloud Protocol），是指在进行可用性测试时，鼓励用户在执行任务的同时说出他们当时内心的想法，包括他们在看什么、想什么、有什么感受等内心活动。与用户安静地完成任务相比，这种方式有助于捕捉用户内隐的情绪或想法，但也有可能干扰用户正常的操作，影响任务完成的效率，更适合用于流程性较弱、浏览探索性较强的测试情景。

2. 眼动仪辅助的可用性测试

眼动仪是一种眼球运动追踪设备，通过监测目标眼睛在刺激物（如图片、网页等）上的反应和典型移动来进行的。利用眼动仪辅助可用性测试，一方面有助于识别一些肉眼较难观察到的行为，从而发现视觉和功能可视性的问题；另一方面也可作为引导回溯的工具，在完成任务后与用户共同观看眼动录像，帮助用户回忆在执行任务过程中的想法和感受等。我们为你提供了一个与眼动仪有关的用户研究案例，详见本章案例。

3. 折扣可用性测试

折扣可用性测试（Discount Usability Testing），又名游击式可用性测试，是相对于正式的实验室测试而言的可用性测试简化版。它对设备、场地、人员要求相对更低，重点在于快速发现问题进而进行迭代，图 7.7 就是一个此类测试的现场。

图 7.7 折扣可用性测试过程

7.4 可用性检视

7.4.1 基本概念

可用性检视基本上是由可用性专家、设计专家或相关利益方共同组成的评估团执行的可用性评估。这种方法的好处在于：

(1) 使评估更具针对性；

(2) 可以对一些很难通过用户测试测量的方面进行评估；

(3) 能更高效地得到解决方案；

(4) 时间与金钱成本更低。

可用性检视大致可分为三类:规范检视;认知过程遍历;启发式评估。

7.4.2 规范检视

规范检视是指专家检查页面是否符合规范。它通常包括以下几方面：

功能检视:罗列完成典型任务所需的所有功能序列,检查是否存在过长的序列、繁琐的步骤、违背使用规律的步骤,以及对知识/经验要求较高的功能组。

一致性检视:检查交互过程、视觉元素是否具有一致性。

标准检视:检查界面是否符合网页设计通用标准。

7.4.3 认知过程遍历

认知过程遍历,又译认知过程走查,是指专家(通常包括设计师、产品经理、开发者等)模拟用户解决问题的方式使用设计,发现问题的过程。专家首先通过任务分析识别一个用户为完成任务所需执行的行动步骤序列,以及系统对行动的反馈。接下来,专家按序列对每个步骤进行检视,并回答诸如:"用户是否理解此步骤是完成任务所必需的?"、"用户是否能注意到应采取哪种行动?"、"用户的行为是否得到反馈?"等问题。

多元过程遍历是一种更复杂的遍历检视法,因为参与者不仅有内部专家,还包括外部用户。这些人共同组成评估小组对设计进行检视,执行过程与认知过程遍历类似。

7.4.4 启发式评估

启发式评估是指利用可用性准则对设计进行检视的一种方法。这些可用性准则是经验积累而成、较有指导性的设计原则。在检视过程中,专家先不做交流,各自被给予设计的原型,然后利用可用性准则去评估该设计存在的问题。最后,将所有人发现的问题进行汇总并排序,然后探讨解决方案。

7.5 尼尔森的十大可用性准则(Ten Usability Heuristics)

(1)系统状态可见性:系统应在合理时间内提供适当反馈,随时让用户知道此刻所处状态和进度。

(2)系统与真实世界匹配性:系统应使用用户的语言和用户熟悉的概念,而非以系统为中心的词汇。系统应符合日常生活习惯,以自然、符合逻辑的方式呈现信息。

(3)用户控制与自由度:用户往往会误用系统功能,因此系统需要提供结束非理想状态的"紧急出口",而无需用户展开额外对话。系统应支持"撤销"与"重做"。

(4)一致性与标准:不应让用户考虑不同的用词、情景或功能执行是否意味着不同的东西。要跟随平台的习惯。

(5)错误预防:一开始就预防错误发生比优化出错信息更重要。要么尽量避免可能出错的情景,要么检查可能出错的情景,并在用户最终提交执行前提供确认的机会。

(6)通过清晰地呈现对象、可执行行动和各种可选项,减低用户的记忆量:应无须用户记忆此对话以用于彼对话。应清晰呈现帮助信息,并随时能被用户使用。

(7)灵活性与使用效率:新手用户可能忽略的快捷方式,往往能让专家级用户的工作更高效。系统有了这种灵活性,就能同时照顾到不同级别的用户。要允许用户进行个性化设置。

(8)美感与极简主义:对话不应包含无关或极少用到的信息。每项多余信息都将影响有用的信息单元,并因此削弱它们的相对可视性。

（9）帮助用户识别、判断错误,并从错误中恢复:错误信息应用简单清晰的语言而非代码表达出来。精准地指出问题所在,并提出有建设性的解决方案。

（10）提供帮助信息:帮助信息是必要的,应精简、清晰地列明关键步骤,一针见血,并可被用户轻易搜索到。

练习

请写下你平时最常浏览的一家 B2C 商城(淘宝商城,京东商城,凡客诚品等等),假设你是其公司的用户研究员,产品部门需要知道现有的版本里用户从"浏览—购买—支付"的购物过程是否好用,于是希望设计一个可用性测试,并提供一些网站改进的建议;要求选择正确的可用性测试方法和技巧,规划测试流程,如果你有资源执行这个测试,也可以输出可用性测试报告。

案例学习：某购物网站 Banner 眼动效果可用性评测研究

研究背景：

本研究设计广告注视眼动实验来作为购物网站 Banner 广告效果的主要测量方式。在眼动试验中我们针对用户观看网页购物 Banner（横幅）广告时的眼动特征进行分析研究。综合广告态度测评结果，分析在一张 Banner 广告中，不同的广告视觉元素，信息构成元素组合后广告效果的差异，提出购物网站 Banner 设计的建议。

1　眼动实验理论介绍

早在中世纪前期，生理心理学就作为一门特殊的实验科学出现了。许多视觉实验方法和实验仪器也被迅速用于心理学研究。随着计算机技术的发展，眼动的方法被心理学家用来研究人的心理活动规律。用眼动仪可以获得受测者在观看视觉信息过程中的即时数据，以便来探究被测者视觉加工的信息选择模式等认知特征。

1.1　眼动的三种基本方式

眼动的三种基本方式可分为注视、眼跳和追随运动。（1）注视：是指将眼睛的中央窝对准某一物体的时间超过 100 毫秒，在此期间被注视的物体成像在中央窝上，获得比较充分的加工而形成清晰的像。（2）眼跳：是注视点或者注视方向突然发生改变，这个过程中可以获得时空信息，但是几乎不能形成比较清晰的像。（3）追随运动：当被观察物体与眼睛存在相对运动时，为了保证眼睛总是注视这个物体，眼球会追随物体移动。以上三种眼动方式经常交错在一起，目的均在于选择信息。

在本研究中，主要记录和分析的是第一和第二种眼动方式，即注视，眼跳的有关眼动数据，如第一注视时间，注视点个数以及注视总时长。

1.2　眼动仪的基本原理

目前对眼动技术的研究大多来源于国外，一般将眼动研究技术按照所借助的媒介分为以硬件和软件为基础两种。我们知道，人眼睛的视点由头和眼睛的方位共同决定。所以，以硬件为基础的视线跟踪技术的基本原理是利用图像处理技术，使用能锁定眼睛的眼摄像机，通过摄入从人眼角膜和瞳孔反射的红外线连续地记录视线变化，从而达到记录分析视线跟踪过程的目的。以硬件为基础的方法需要用户戴上特制的头盔或者使用头部固定支架，事实上这在实验过程中对用户干扰很大。以软件为基础的视线跟踪技术是先利用摄像机获取人眼或脸部图像，然后用软件实现图像中人脸和人眼的定位与跟踪，从而估算用户在屏幕上的注视位置。

1.3 眼动实验在广告心理的应用

广告制作人最感兴趣的内容之一就是想了解顾客是如何观看广告的,而眼动仪和眼动试验刚好满足了这种需要。眼动仪将顾客注视广告时的眼动轨迹记录下来。通过分析眼动仪记录的数据,可以清楚地了解顾客注视广告画面的先后顺序,对广告任何一部分注视的时间、注视次数、眼跳、瞳孔直径变化情况等等。当顾客看广告时,对某一部分的注视时间长、注视次数多,瞳孔直径增加,这说明顾客对广告的这部分内容感兴趣。这样,有助于广告商了解到顾客是否按广告制作人的意图去注视广告,是否漏看了广告中诸如厂商、商品名称等重要信息。同时,广告的图像及总体设计是否得当直接关系到其在消费者中的印象及引起注意的程度。一幅广告包括标题,图案(图像),正文(文案),背景四部分,怎样可以让消费者第一时间注意产品而不是背景,这是需要引起设计者足够重视的。

根据这些理论和应用经验,我们在处理眼动数据时先行划分了兴趣区,而不是直接分析每个 Banner 整体区域获得的眼动数据。每一个 Banner 横幅广告被划分为四个区域:主标题(标题),副标题(正文,文案),主题图片(图案)和非兴趣区(背景)。对每个区域的权重做了不同优先级的安排。

1.4 广告态度测评

接触广告、注意广告的结果是引起消费者态度的变化,而态度变化效果又直接影响着购买行为的发生,因此态度测评是广告心理测评的一项重要内容。

广告信息对消费者的心理影响一般要经历"认知—理解—确信—行动"四个发展阶段,态度变化测评主要是在认知度测评的基础上,进一步测评消费者对广告观念的理解喜好程度,即理解度和喜好度的测评。

在实验过程中,我们让用户给每个 Banner 素材进行定量的评分,并且同时让他们给出开放性的意见和评价,以此来获得 Banner 广告的态度测评结果。

2 实验方法与过程

2.1 被试

被试来源于杭州市高校在读学生以及各种不同职业的社会人士,学历由在读本科到在读博士不等,年龄在 20~35 岁之间。被试均无色盲或色弱,视力或矫正视力在 1.0 以上;剔除眼动记录数据不全或超出正常范围的被试 2 人后,剩余有效被试 20 人。其中男性 8 人,平均年龄 23,女性 12 人,平均年龄 25。

2.2 实验设备

本研究中使用的是采用瑞典斯德哥尔摩 Tobii 公司生产的 Tobii T 系列

眼动仪来呈现实验材料并记录被试的眼动情况,并由眼动仪配套软件 Tobii Studio 来分析纪录的数据。该眼动仪无需佩戴头套和头托,减少了被试的不舒适感;红外线采集仪嵌于特制的显示器中,被试不易发现,减少了被试的戒备心理,同时可以采集到被试实验过程中的声音、录像;被试能在较为自然的环境中进行实验,提高了实验的生态效度。

本实验在具有隔离功能的眼动实验室中进行,眼动仪记录被试观看图片时的注视时间、注视点个数、热点图等指标。

2.3 实验材料

根据实验设计,我们需要测量 3 组素材图片:分别是"视觉 A 组——促销活动",108 张;"视觉 B 组——商品销售",38 张;"C 组——标语复杂程度",14 张。在整个实验中,我们共测量了 22 个被试,每个被试都看完 3 组共 160 张实验素材。

其中,每个实验材料都为一个分辨率为 540 * 240 的 jpeg 格式的图片,实验时单独呈现在 17 英寸的屏幕的黑色背景上。

2.4 实验过程

将实验材料导入接入眼动议的电脑设备后,我们将这三组的图片打乱,并设定其按随机顺序出现在电脑屏幕上,调整合适的播放模式使用户可以在看的过程中自己控制观看时间并进入下一张 Banner 浏览;同时,我们将用户任务输入为片头,在第一张实验材料出现前播放。由于预计实验时间较长,我们还在 30 张图片完成后插入一页四格漫画作为休息页,提供休息放松时间。

被试进入实验室后,请其坐在眼动议前的椅子上,眼睛与仪器屏幕保持在 $50 \sim 60 cm$ 左右,并调整椅子的高度使其能以较为放松的姿势和舒适的状态坐好,并要求其在实验过程中尽量保持身体基本不动。接着,对被试的眼睛进行定标。自动定标完成后,开始实验。在出现片头的任务描述时,实验人员同时告知实验注意事项。

2.5 实验数据来源

实验数据统计时,我们在每张 Banner 上人为地划分了一些和广告效果最为有关的兴趣区(主标题,副标题和主题图片),这些也是我们在设计 Banner 时最为关注的重点,我们主要筛选了落在这些兴趣区域内的几组眼动数据。由于我们的实验为了保证用户能够自由看完一张素材再进入下一张,所以每张图片的观察时间较长,并且总观察时长有差异。为了着重研究用户在看到素材的前几秒最重要时期的眼动情况,我们截取了每个被试前 4 秒的眼动数据进行统计分析。

针对与广告效果有关的眼动数据,我们选择,并通过眼动实验分别记录了每个被试观察每张图片被测过程中的下列两组信息(表1):

表1　实验数据记录项目

兴趣区 AOI	眼动数据模块
A 主标题	1 第一注视点时间(s)
B 副标题	2 第一注视点长度(s)
C 主题图片	3 注视点计数
D 非兴趣区	4 注视总时长(s)
	5 用户评分

3　实验数据与结果

3.1　眼动原始数据

被试观察每张 Banner 图片后,记录的眼动原始数据,剔除无效的被试数据以及次要关注的数据(如非兴趣区的有关数据)后,以每个实验素材图片为单位,对所有的数据进行求均值;然后对其进行单因素方差分析,再略去显著相关程度较低的眼动数据模块,最后保留下"第一注视点时长","注视点计数"和"注视总时长"这三组数据的平均值列表。得到了下表:

表2　眼动原始数据(例)—图片编号1211

被试编号	A1	B1	C1	D1	A2	⋯	D4	评分
1	0.33	1.096	3.012	−1	1.299		0.216	3
2	1.042	1.492	2.462	2.291	0.999		0.35	3
3	0.373	3.571	1.825	0.157	2.911		0.15	2
4	0.305	1.121	0.49	0	2.049	⋯	0.277	3
5	0.277	1.427	2.104	2.509	1.641		0.15	3
⋯	⋯	⋯	⋯					
22	0.259	1.342	0	1.912	0.25		0	3

注:篇幅所限,A1 对应表1,表示"主标题区第一注视点时间",A2 则表示"主标题区第一注视点时长",其余类推。

3.2　眼动热图

眼动仪在实验后,配套软件 Tobii Studio 能够将被试观察记录输出成一些可视化的图,常见的有注视点顺序图以及热图。在这里我们输出了所有的实验材料的热图,作为实验数据分析结论的辅助支持。如下图的注视热点图所示,其中红色表示该区域受关注度最高,黄色次之,绿色再次之,透明度越低则表示关注度越低,在这几个素材中,我们主要想测试不同的色调是否对广告的效果有影响。

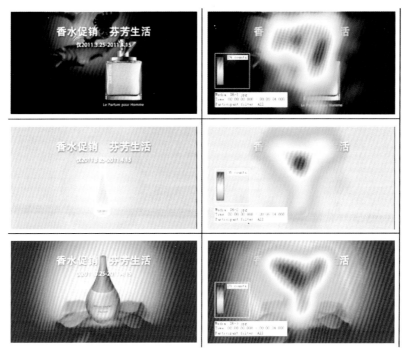

热图可以帮我们检验重要的广告讯息是否有被关注到,其他不重要的信息是否获得了过高的关注度,以及整个视觉重心是否合理等问题。热图还能够让我们直观看到用户在看一个 Banner 广告时的兴趣点在哪些信息上,从而对如何设计更有吸引力的 Banner 有一些积极建议。

3.3 兴趣区与权重定义

原始数据中我们针对不同的兴趣区做了细分的记录,然而每个划分的兴趣区针对整个 Banner 的广告效果的重要性不同,我们认为考虑这种重要性要比单纯分析整个 Banner 区域的实验结果更加能准确地计算出广告的效果。

3.4 广告注视效果指数计算

根据这些数据以及本实验的设计,本研究提出了广告注视效果指数概念来评价 Banner 广告在视向心理上吸引力的效果水平。广告注视效果指数的计算方法是:

(1)首先,我们假设广告注视效果指数符合正态分布;

(2)根据各眼动实验结果的数据模式,算出眼动相关数据的平均值(X);

(3)同样的,我们已经算出某个特定属性组合的 Banner 在某个具体的眼动实验中的眼动数据和标准差(X1 和 S1);

（4）接着我们算出 X1 在正态分布图中的位置和对应的标准分数和百分位数；

（5）Banner 广告视觉上吸引力的效果水平就是各眼动数据模块的百分位数的平均数，这样"注视效果指数"就可以用来定量地描述某一张 Banner 在这一整组实验素材中的广告注视效果，并且可以看到效果的排名。

3.5 不同的视觉元素对 Banner 广告效果影响分析

我们着重分析了不同视觉呈现元素（文字大小，标题字体，文字颜色，图片内容，图片颜色搭配，图片色调）对 Banner 广告效果（广告注视效果指数和广告态度评分）的影响。

结果表明：160 张被测图片的第一反应时间，注视点个数，平均注视时间存在着较为显著的差异，我们认为广告注视时第一反应较长，注视点个数较多，注视时间长的广告获得被试更多关注，广告效果好。

4 实验结论

通过计算和比较各组设计元素组合后的"广告注视效果指数"和"用户评分"，分别从较为客观和主观两个方面描述广告效果的数值的大小，我们得到了最佳广告注视效果和最佳用户评分两个维度排名前十的设计组合，如表 3 所示，在广告注视效果排名中，大字体和中等字体的组合获得了最高的注视效果，这间接说明了较大的区域可以获得更大的关注；而在颜色搭配上，明显的是互补色的使用能使注视效果更佳；在文字的字体使用上面，艺术字体获得了较大的吸引力。综合而言，最佳吸引力的组合为：

大字体＋与背景色互补的文字颜色＋艺术字＋产品图＋背景互补色彩＋中性色

表 3 最佳广告注视效果 TOP10

排名	字体	字体与背景的关系	是否艺术字	图片内容	色彩搭配	色调
1	大字体	字体与背景颜色互补	艺术字	产品图	互补色	中性色调
2	中等字体	字体颜色与背景相似	艺术字	模特图	相似色彩搭配	中性色调
3	中等字体	字体颜色与背景相似	非艺术字	模特图	相似色彩搭配	暖色调
4	小字体	字体颜色与背景相似	非艺术字	卡通图	相似色彩搭配	中性色调
5	中等字体	字体颜色与背景相似	艺术字	产品图	相似色彩搭配	中性色调
6	大字体	字体与背景颜色互补	非艺术字	产品图	互补色	中性色调
7	小字体	字体与背景颜色互补	非艺术字	产品图	互补色	中性色调
8	大字体	字体与背景颜色互补	艺术字	产品图	相似色彩搭配	冷色调
9	大字体	字体颜色与背景相似	非艺术字	卡通图	相似色彩搭配	中性色调
10	中等字体	字体与背景颜色互补	非艺术字	产品图	相似色彩搭配	冷色调

这个结论说明了要获得更高的注视吸引力,Banner 设计可以尝试朝着对比强烈,色彩饱满丰富,文字清晰显眼的方向。

如表 4 所示,在用户态度评分排名第一和第二的组合中,都有卡通图片这一图片内容,说明图片内容中的卡通图对与用户来说较有新鲜感,容易赢得他们的兴趣;从图片配色方面,不论在图片颜色搭配还是文字与图片颜色搭配上,相似色的配色方案往往获得了更高的用户评价,说明他们在关注广告的时候,期望的是更少的颜色干扰,以便更容易获得广告的信息和文字;从图片色调上来说,中性色和冷色调的 Banner 素材获得了更高的评分;以下的设计组合可能可以获得最高的用户态度评价:

中字体＋与背景色相似的文字颜色＋非艺术字＋卡通图＋背景相似色彩＋冷色调

表 4　最佳用户评分 TOP10

排名	字体	字体与背景的关系	是否艺术字	图片内容	色彩搭配	色调
1	小字体	字体颜色与背景相似	非艺术字	卡通图	相似色彩搭配	冷色调
2	大字体	字体颜色与背景相似	非艺术字	卡通图	相似色彩搭配	冷色调
3	中等字体	字体颜色与背景相似	非艺术字	模特图	相似色彩搭配	冷色调
4	小字体	字体颜色与背景相似	非艺术字	产品图	相似色彩搭配	暖色调
5	中等字体	字体颜色与背景相似	非艺术字	模特图	相似色彩搭配	中性色调
6	中等字体	字体与背景颜色互补	非艺术字	产品图	相似色彩搭配	暖色调
7	中等字体	字体与背景颜色互补	艺术字	产品图	互补色	中性色调
8	中等字体	字体与背景颜色互补	非艺术字	模特图	相似色彩搭配	冷色调
9	大字体	字体颜色与背景相似	非艺术字	卡通图	相似色彩搭配	中性色调
10	中等字体	字体与背景颜色互补	非艺术字	模特图	相似色彩搭配	暖色调

综合主客观实验结果,来分析不同的广告视觉元素,信息构成元素组合后广告效果的差异,我们提出了一些针对购物网站 Banner 设计的建议。

总的来说,在文字造型设计上,需要更容易获得用户的关注并且尽可能降低用户的理解和阅读成本,所以推荐使用中等或大号的字体,并且少使用效果花哨的艺术字,即使使用,也尽量使用容易阅读的字体。对于图片内容而言,获得更好的广告效果要设计师切合用户要购买的产品特点,尽可能完整的传达出产品细节特征,饱满而丰富的使用体验;在一般情况下,客观真实地表达商品内容,同时展示商品使用时的"美好体验"可能可以带来更大的广告转化率。同时,更少的颜色干扰,清晰的广告的信息和文字设计能够更有效地让用户从浏览到购物的状态转换。

第8章
交互设计创新研究

本章导读

- **什么是设计创新研究？**

创新研究指的是探索性研究和独创性研究的结合，此时交互设计已经不是传统意义上的"设计"了，往往同时包括了对最新技术的掌握，对人们需求的深刻理解，对社会文化背景的了解以及对人性的关注等等。这类研究难度很大，并且伴有相当大的风险，但设计创新研究也推动着整个行业和领域的不断向前。

本章主要介绍在交互设计最前沿的风景，带你领略技术和艺术高度结合的产品魅力，揭示未来的交互设计趋势。

8.1 交互设计领域的研究新进展

8.1.1 设计理念的转变

"以前我们想到技术，总是在谈人工智能，怎么让机器变得更聪明，让他们像人一样思考，具有深刻的感受力。我认为这是一个错误的方向。未来我们应该做的是，怎么利用技术让人变得更聪明，更强大，更独立。"

——MIT 媒体实验室

设计的目的不再仅是单纯地追求外观的美丽和工具使用的便利，更多的是对传统的挑战，对新技术的应用和商用研发，设计创新研究有以下几个特点和趋势：

1. 人本

设计目标直接针对人们的日益难以被满足的需求,目的在于帮助人们提高生活质量。这个特点使设计和研究不再是以技术发展来驱动,而是以对人们需求的挖掘和解决日常问题来驱动。这使得研究领域更加关注人们的日常生活,如学习、工作、娱乐等场合。像电子博物馆(E-Museum),玩具式学习工具、交互式电影等,就是将设计关注于此。

2. 跨界

未来的交互设计研究内容涉及学科之多,已经远远超出传统意义上的跨学科范畴。如电影与网络技术结合,发展了对交互式电影的研究,使人们可以根据喜好看到不同的电影结局;如网络与社会学结合,产生了对社会化媒体的研究成果,Facebook 已经成为了现代人们日常生活不可缺少的社交场所;电子工程与认知心理学结合,产生了认知学习玩具,使自闭症儿童有了与正常社会交流沟通的媒介。同传统学科相比,这些新学科的交叉范围更加广泛,更具探索性,同时蕴涵着巨大的商业空间。

3. 洞察

随着工业现代化和自动化水平不断提升和快速发展,将一项实验领域的技术迅速投入生产的商业化过程也变得越来越容易,只要有创意,有市场,技术和量产之间的距离变得非常近;这就对设计提出了更高的要求,如何使新的思路和创意充分发挥出技术的优势,又独特地巧妙地解决用户的需求,往往是商业上能否成功的关键。

4. 整合

全球范围的企业界,学术界,政府机构等多方位共同关注,使得设计创意研究与现实社会的结合非常紧密。企业界和政府机构提供了赞助和合作机会,引导了产品趋势和研究目标;学术界提供了最新最炫的技术和可行性方案,使美好的创意可以更快地与用户见面。正是这种开放性使得研究人员和设计人员不断获得创新的动力。

8.1.2 科学技术的支持

除了传统的工业自动化带来的支持,网络通信技术和信息数字化为未来的交互设计提供了更加多的可能性。在移动互联望的发展领域,硬件技术,通信技术和产品服务的融合,使得移动终端的交互设计不仅仅只是依靠硬件功能,而是硬件技术和服务式应用的融合:

1. 单机软件对硬件功能不断发挥和扩展

当硬件功能和性能都达到一定程度时,会有越来越多的应用软件出现,在充分发挥出硬件产品性能的同时,也满足用户的多类不同需求。苹果的 App store 就是一个非常成功的例子,使软件应用的开发利用了智能手机优秀的硬件配置,将技术的边缘和限制推得越来越远。

2. 终端产品和内容服务的融合

用户通过移动终端可以获得诸如通信、数据、娱乐、购物、位置、餐饮等等方面的服务。热门的 LBS(Location Based Service)应用,就将 GPS 等移动互联网技术很好地利用起来。

3. 跨越终端平台的云服务

随着移动宽带技术,产品性能,用户习惯培养,应用服务的发展以及产业链和运作模式的成熟,云技术的前景将非常诱人。届时硬件端将不再是简单的一个个电子产品,它将成为人人都离不开的"私人助理",用户不仅可以随时通过移动云获取想要的任何可以通过数据传输的信息,同时你的所到之处,它都会清晰的告知你周边的所有你想关注的相关情况,甚至你的衣食住行它都能够"安排"得井井有条,可以说是真正的"一机在手,万事无忧"。

8.1.3 艺术与技术的完美遇见:MIT 媒体实验室

在创新研究领域,不得不说的杰出代表就是麻省理工学院的媒体实验室了(MIT Media Lab),如图 8.1 所示。对于最新技术和创新产品的关注,媒体实验室每年有大约 300 个研发项目,是世界公认最具有前瞻性的创新研究。

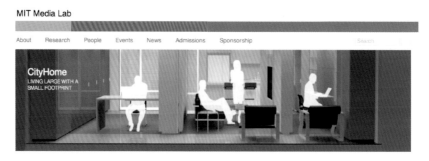

图 8.1 MIT 媒体实验室网站首页

麻省理工学院媒体实验室成立于 1980 年,现拥有 50 名教授和科学家,下设 33 个研究小组,在读博士和硕士研究生有 150 名,每年研究经费为 3000 万美元,其中 75% 来自企业界近 150 家公司的赞助。实验室的研究范围为传媒技术、计算机,生物工程,纳米和人文科学。现已成立的研究小组有:分子计算机、量子计算机、纳米传感器、机器人、数字化行为、全息技术、模块化媒体、交互式电影、社会化媒体、数字化艺术、情感计算机、电子出版、认知科学与学习、手势与故事、有听觉的计算机、物理与媒体、未来的歌剧、软件代理、合成角色、可触摸媒体以及视觉和模型等。

以下是几个杰出的例子：

（1）电子油墨：微米级的电子小球包裹纳米级的电场感应材料。电子小球可以被印刷在普通的纸张或塑料上，以显示文字，照片，动态图像。通过电子油墨技术将生产出非常廉价的显示器。

（2）可编程催化剂：纳米级的催化剂材料可以被电磁波控制以改变其方向及温度。这种可编程催化剂的发明可能引发生物工程，化学工业，制药工业新的革命。

（3）超通讯：新型点对点通讯方式将有可能使市内无线电话直接通话而无须通过无线运营商的基站。

（4）穿戴计算机：智能电脑可以被穿在身上，就像我们戴的眼镜和穿的衣服一样，并且人机交互是针对具体的环境。可穿戴计算机扮演的就是一个智能化的电脑助手角色。

（5）便携式发电机：超小型便携式手动发电机可以为手机临时充电。

（6）智能家居：超小型廉价无线传感器智能控制室内温度，光照，安保，电器，及通讯。

（7）便携式激光投影仪：笔头大小的激光投影仪可用于手机和便携式电脑。

（8）玩具式学习工具：寓教于乐的高科技玩具。乐高公司已经将这项发明成功地商品化，产品的名称是"脑力风暴（Mindstorms）"。

8.2 基于不同终端的设计创新研究

这里我们说的终端，指的是计算机系统的显示终端，是计算机系统的输入、输出设备。计算机显示终端伴随主机时代的集中处理模式而产生，并随着计算技术的发展而不断发展。迄今为止，计算技术经历了主机时代、PC 时代和网络计算时代这三个发展时期，终端与计算技术发展的三个阶段相适应，应用也经历了字符哑终端、图形终端和网络终端这三个形态。

终端设备分为通用的和专用的两类。通用终端设备泛指附有通信处理控制功能的通用计算机输入输出设备。通用终端设备按配置的品种和数量，大体上分为远程批处理终端和交互式终端两类。本章讨论的终端设备就是属于直接面向大众用户的交互式端范畴。

8.2.1 创新交互设计的硬件基础

交互设计关注的就是人与机器间的互动和交流,这过程中依赖的媒介就是各式各样的硬件设备,即交互式终端,往往由输入和输出设备组成。

对于设备操作的复杂性是我们在做交互设计或者用户体验设计时非常关注的因素,不同的设备和技术有不同的优势和弱势,灵活利用技术的长处能够使交互过程变得更加便捷或是充满乐趣。各种输入输出的硬件设备就是我们进行产品设计或创新的交互设计最基本的依赖和灵感来源,下面简要介绍几种最为常用的交互设备或技术:

1. 按键输入

按键输入指通过键盘按键,鼠标左右键,遥控器上的按键等等输入,这类的交互方式是最传统也是最广泛使用的,现在几乎存在于所有的电子产品里面,通过按键来传达一些设定好的命令。

优点:简单直接,最被大家熟悉和习惯,按键对应了相关的指令,使用方便。

缺点:随着功能的多元,当指令越来越复杂的时候,按键数量和组合会变得相当繁杂,在固定的大小下集成的按键越来越小,难以寻找和辨认,要熟练使用往往需要很多时间学习和掌握,而且设备所占空间较大。

未来:作为基本命令的指令按钮会继续存在于几乎所有的电子产品中,比如开关,声音控制等等,而大面积的按键设备将会逐渐被淘汰,转向不占空间集成量更大的触摸设备。

2. 触摸屏

一种融合显示器和输入设备的交互媒介——触摸屏在科技的不断发展下已成为现今人气最高的输入设备。目前,触摸屏已经广泛运用在家用,展馆,售票终端,通讯设备,控制终端等领域,其对人们生活带来的便利毋庸置疑。

优点:它满足了在一个有限的平面范围可以通过层级关系提供较多比较复杂的指令集合,将输入设备和输出设备整合在一起,减少了体积占用,同时,将输入输出整合到一起也更加符合人类认知和反馈的习惯。

缺点:按压的灵敏度和准确度依然是技术上要解决的问题,而且当产品本身很小时,屏幕也变得很小,就不是那么方便使用手指点击来选择。并且大量大面积的液晶显示触摸屏的利用在成本上高过传统的按键。

未来:随着多点触摸技术和压感技术的日益提升,触摸屏也变得越来越直观和人性化。人们可以通过压力的大小来控制一直连续变化的量,如模仿人的笔触等。在各种媒体终端上,触摸屏技术将会进一步普及。同时触摸屏也会在汽车,飞机,厂房等各种需要具有电子设备的地方发挥重大作用。

3. 传感器输入设备

通过可感知无线红外线、重力感、压力感等传感器(sensors)为主的输入设备。它们通过内置的感应器来感知外界动作,如光变化,重力方向,相对位移等,通过数据传输达到控制机器的目的。如数位板上的红外线传感,Wii游戏机所使用的重力传感等。

优点:用户不用再记忆和学习大量操作和命令,操作也变得简单和流畅,容易掌握,凭现实生活中的经验就会使用。

缺点:sensor 的敏感度和精确度是不变的问题和难题,还是很难模拟出和现实感觉完全一样的设备,所以用户也不得不先适应。同样的,成本和花费都人人高于传统设备。

未来:已经,并将会在娱乐游戏方面有更广泛的应用。在一些教学系统,虚拟运动,家用电器上会有比较好的应用。

4. 眼球感应设备

眼球感应是运用红外线等技术追踪来感应眼球及瞳孔的移动,达到控制方向的目的。目前此项技术尚未成熟,在残疾人等一些无法使用其他输入设备的人群中具有良好的前景。

优点:释放了双手,只需利用眼球就可以达到人机交互的目的。

缺点:眼球是人类接受信息的工具,通过眼球进行信息的输出,会影响到眼球接受信息的能力,同时,眼球过小,头部位置不固定,眨眼睛等人类行为习惯对眼球感应设备也是一个巨大的挑战。

未来:在残疾人群体的人机交互上会具有很好的发展前途。

5. 声控设备

声控设备已经经过多年的发展,技术上日渐成熟。它被应用于电话拨号,身份认证,控制终端等地方。与眼球输入设备一样,它同样释放了双手,以声带作为输入载体,通过与机器原先储存的声音进行匹配达到输入的目的。

优点:只需要动口,而且忽略输入时各种身体动作产生的影响,个人适应性强。

缺点:受到全球不同语言的限制,要在全球推广除了开发一套模式化操作发音,就只能通过开发多种语言内置匹配音库,同时,语音输入易受到周围嘈杂环境的干扰,另外识别的准确性也是一个需要解决的问题。

未来:在保安系统能够发挥比较突出的作用。同时比较多是作为其他交互方式的辅助方式来运用。

6. 投影交互

投影输入设备是通过投影仪投影,操作者通过在投影仪与投影幕之间的阻隔产生的阴影来控制机器。这也是较新的未成熟的交互设备。

优点:脱离输入硬件的限制,即使"手无寸铁"也能轻松操作。

缺点:在输入时会挡住一部分的画面,造成对反馈信息阅读的障碍。

未来:在大型展示,娱乐方面会有比较好的发展前景。

7. 三维步态定位设备

三维步态定位设备是较新的适用性比较广的交互方式。它内置有三维步态感应器,机器能够感知在三维空间内感应器的移动,从而达到在三维空间控制机器的目的。

优点:能够在传统鼠标二维的操作面上再加上一维,达到如同现实的三维空间操作的目的。更加贴近人类的生活体验,是鼠标的扩展。在三维平面或者立体显示器的支持下,它将大大的改观人们对电脑的操作体验,所有传统平面的操作都将变成三维空间操作。

缺点:在三维空间中进行操作,支撑是一个问题,如何才能减少人的肌肉疲劳,同时,此项技术是在鼠标上的改进,人们依然需要一个中介硬件来实现对机器的操作。

未来可能的运用:因其操作方式与鼠标类似,在配套软件的支持下可能随着鼠标的淘汰而成为更新一代的交互方式。在娱乐,展示上也能够发挥很大的作用。

8.2.2 基于移动终端设备的应用和趋势

1. 移动终端简介

移动终端或者叫移动通信终端是指可以在移动中使用的计算机设备,广义地讲包括手机、笔记本、平板电脑、POS机甚至包括车载电脑。但是大部分情况下是指手机或者具有多种应用功能的智能手机以及平板电脑。随着网络和技术朝着越来越宽带化的方向发展,移动通信产业将走向真正的移动信息时代。

2. 移动应用的特色

从广义上讲,只要是运行在移动终端上的应用程序,我们都可以称之为移动应用,这里主要讲的是智能手机上的移动应用。过去的GSM网络只能进行语音通话,只能进行文本短信交流,那个时候谈应用为时过早。而现在随着高速GPRS、目前慢慢普及的3G真真实实进入了人们的生活,移动应用迎来了真正的春天。如图8.2所示,已有一些应用产品体现出了在移动情境下的优势。这些移动先行的产品包括了:位置敏感、个性化和人性化、全天候守候、开放、语音功能。

- LBS服务
- Game
- 社会化
- Gps
- 个人事务\办公
- 购物
- 移动支付
- 视频
- 阅读

图 8.2　移动特色的应用形式

8.3　探索未来交互之梦

8.3.1　未来交互的创想

在产品交互设计领域,还是有很多想象空间的:它不仅仅是界面交互,更多的是要设计用户与空间、时间、触觉、视觉、听觉、嗅觉等各种感官的交互体验(图 8.3)。随着技术的推移,界面也会逐步从二维的平面拓展到三维的空间,不管是电子纸(ePaper),还是投影技术,或是体感技术都会让产品界面变

图 8.3　人的五大感官都可以成为交互体验的一部分

得能承载更多内容、更复杂的交互。未来的设计人员可能会使用数据手套和头盔等先进的虚拟现实设备从事交互式设计工作,操作人员则可能用语音或姿势进行直觉式输入。

下面我们从两个新型的交互应用实例出发,介绍如何利用最新技术设计实用性强的产品过程。

8.3.2 直觉式交互:基于图像的搜索电子商务应用

"感知系统的输出必须大于输入,这样才能击中用户体验的甜点,让用户感到惊讶和愉悦。"

——August de los Reyes

直觉式交互的核心意义就在用户输入和输出不平衡上面,输入的尽可能少或不自觉,输出的尽可能丰富多彩,并正中用户需求是我们设计时应该追求的。基于图片搜索的技术的产品正是很好地描述了直觉式交互的优势和特点。下面是一个关于图片搜索在电子商务中应用的实例。

1. 淘淘搜图片购物搜索引擎简介

它是目前国内最大的图片购物搜索引擎。只需要给它一张图片,它就能通过强大的视觉计算手段帮用户在海量的商品中快速找到心仪的宝贝,免去绞尽脑汁去考虑如何通过关键词描述这件商品的烦恼。海量商品,丰富多彩的图片,以及多维度的图像相似算法,使商品间的关系可以通过款式、颜色、风格等多种角度呈现出来,使整个网络购物体验变得更快捷、更轻松。

2. 解决什么问题

当用户在逛街、阅读杂志、浏览网页时发现喜欢的商品图片,想通过网络搜索却苦于不知该怎样描述;大量的商品图片杂乱甚至重复的堆积在一起,想找出满意的款式,却只能沉陷在这片茫茫商品的大海中;喜欢这件商品,但它现在缺货或者它仍然有些让你不满意的地方,期待能找到同款、相近款或者相近风格的。

所以,图片搜索购物引擎解决的问题是:使商品匹配更加准确,商品描述变得容易,搜索输入更加简单,最终让消费者以更快的速度找到心仪的商品。

3. 技术背景简介

图像搜索技术包括三种基本类型:基于图像外部信息进行检索(如Google、Yahoo 等),基于图像内容的描述(人工对图像的内容——如物体、背景、构成、颜色等进行描述并分类标引),以及基于图像内容特征的抽取。

基于图像内容特征的抽取主要指:由图像分析软件自动抽取图像的颜色、形状、纹理等特征,建立特征索引库,用户只需输入含特征的内容,就可以找出与之具有相近特征的图像。这种技术在服饰类商品图片搜索中的独特优势如下：

国内市场上服饰多数为非标类商品，数量巨大，无可靠的标准编码（如条码）来查询；

在面向消费者的电商网站商，商品图片是用户由产生购买欲望到做出购买决策过程中最为重要的媒介之一；

对于服饰类的商品图片，视觉特征的描述远比其他功能性描述让用户更容易表达，理解和接受。

4. 交互和用户体验设计

用户输入图片方式：支持本地上传图片，或者是直接粘贴互联网图片的网络地址来输入商品图片。这种方式避免了用户如何描述图片商品特征，以及打字输入的过程，使信息的输入过程变得自然而然并且不容易出错，图 8.4 是一个典型的图片搜索输入框的设计。

图 8.4　图片搜索特色输入框

商品结果呈现形式（图 8.5）：花环形展示相似搜索结果；根据图片和商品之间的相似程度展示搜索结果，内圈的结果为相似程度高的同款商品或同系

图 8.5　图片搜索特色搜索结果展示

列商品,外圈展示款式、风格或颜色类似的商品。这种展现形式使商品间的相似关系变得非常的直观,搜索结果与原图之间的相似程度也一目了然。

8.3.3　脑机交互应用

随着科学技术的进步和发展,新型玩具层出不穷,声光电一体的遥控玩具早已经成为市场的主流,人们在发展传统玩具产业的同时也在积极拓展新的玩具产业,智能玩具因此成为了各大玩具厂商新的发展目标。相较于传统智能玩具,脑电控制智能玩具具备先天的巨大优势。传统智能玩具需要玩家具备一定的动手能力和理论基础,这就限定了传统智能玩具只能是大人或者青年科技爱好者的专属产品。而脑电控制玩具则不具备以上的限制,并且,脑电控制玩具以其独特新颖的控制方式得到了少年儿童的喜爱。

1. 脑机接口(Brain-Computer Interface,BCI)

BCI 技术为人们提供了全新的与外界进行交流的方式,人们可以不通过语言和动作,而是直接用脑电信号来表达思想、控制设备,这就为智能机器人的发展提供了一个更为灵活的信息交流方式。

目前,该技术正在逐渐从实验室研究阶段过渡到消费级的市场阶段,这种全新的人机交互方式蕴藏着无限的创意和商机。BCI 现在主要应用在以下几个方面(表 8.1):

表 8.1　脑机接口的应用方向

类别	产品/方向	简述
教育	英语教育	用注意力监测的学习成果才能有效提高记忆力
心理健康	音乐研究	什么样的音乐才让人放松,什么样的音乐才让人专注
	食品评测	脑波告诉调酒师客户真实的想法
	非药物治疗多动症	多动症患儿的福音,玩游戏也能治愈多动症
	Sharp 真假球迷	用脑波来告诉你真相,伪球迷无所遁形
竞技体育	Zone Meter	帮助运动员调整好最佳的竞技状态
瑜伽冥想	冥想训练游戏	禅坐修炼,一切都可以用程序来,带你进入真正意义上的禅修
创意生活	脑电波作曲	用脑波的数据来作曲,真正思想的沟通
	意念控制飞行机器人	人脑直接控制飞行机器人

2. 脑电工作流程

如图 8.6 所示,脑电是大脑神经电活动过程中产生的大约几十微伏的电位,传统脑电设备大多应用于科学研究、医疗设备,现阶段国内还没有厂商将脑电控制设备应用于消费级民用产品,并大都存在如下问题:

（1）需要佩戴电极帽并涂抹导电膏,不方便用户使用,每次使用都很复杂繁琐,用户体验不好;

（2）价格非常昂贵,整套脑电设备在几十万到上百万不等,普通消费者不能承担这个价格;

（3）采集到的脑电信号需要专门的软件和硬件进行解读,并且输出的大多是专业的数据和波形图,这就限定了使用者只能是专业领域的科研人员或者医务人员,普通民众无法很好的使用脑电设备。

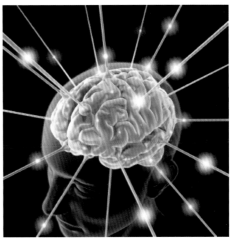

图 8.6　脑机交互示意

目前人类对于生物传感器的使用还停留在初级阶段,人类的身体构造很复杂,但是现阶段能被人们很好使用的生物信号却很少,图 8.7 就是一个典型的脑机交互产品的信号传输过程。

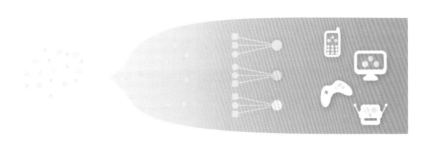

无源干式传感器从头皮检测到电力信号。

把干扰噪音从脑电波信号中过滤掉。

脑电波解读为参数,用于表示用户当前的精神状态。

将参数传递给计算机,手机等智能设备,从而可以通过脑电波进行人机交互。

图 8.7　脑机交互信息传导过程示意

3. 应用实例

脑电控制玩具不仅仅是玩具在形式和技术上的一个创新,有幼教专家就表示,通过脑电波来控制玩具的表现形式,一定程度对培养孩子脑部与手部的协调,以及诱导孩子集中注意力有帮助,从而在治疗"儿童多动症"方面将起到一定的疗效。

MindTrek 产品:利用脑电的玩具小车控制方式研发的一款治疗儿童多动症及训练儿童集中注意力的玩具,产品使用更加直接的人与玩具交互方式,将用户的注意力程度通过玩具小车速度大小集中反映,更直观、更符合用户心理模型,如图 8.8 所示。

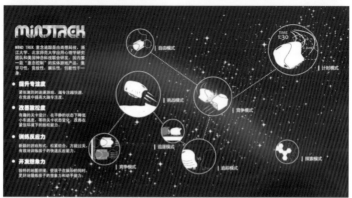

图 8.8　MindTrek 脑电玩具产品说明

产品通过采集用户专注于做某件事情时的脑电信号,通过无线传输技术传递给玩具小车,小车单片机对脑电信号进行处理,提取其中的特征信号,并与相应的特定速度值进行匹配,从而实现对小车速度的控制。小车车体上的红外光电传感器发射器发射红外光到地图上,遇到白底黑线(或黑底白线)则反射信号给接收器,信号接收器再将信号传送给单片机,单片机处理后控制小车左右电机转速,实现小车的左右转弯。设备包括头戴式脑电采集系统,信号处理装置,无线传输装置以及玩具小车。

练习

阅读和关注交互设计领域内重要的资讯网站、杂志、期刊,或者个人博客,论坛等等,为你的浏览器收集和制作一个专门的书签文件夹,或者用你的阅读器产品来订阅这些重要讯息,通过经营自己的专业博客来做专业积累。并随时关注领域内的新科技,新方法,新产品。

附　录

读物推荐

- *Designing Interactions*. Bill Moggridge. 2007. 中译版《关键设计报告》
- *about face* 3. Alan Cooper. 2007. 中译版《交互设计精髓 3》
- *Designing Interfaces*. Jenifer Tidwell，中译版《Designing Interfacs 中文版》
- *The Design of Sites：Patterns for Creating Winning Web Sites*，Douglas K. Van Duyne，James A. Landay，Jason L. Hong，中译版《网站交互设计模式》
- *Web Anatony：Interaction Design Franeworks that Work*，Robert Hoekman. Jr.，Jared Spool，中译版《网站设计解构—有效的交互设计框架和模式》

网络资源和推荐读物

UI Patterns

http：//ui—patterns. com/

Pattern Tap

http：//patterntap. com/

Patternry

http：//uipatternfactory. com/

Open—Lib

http：//www. open—lib. com/

Yahoo Design Pattern Library

http://developer.yahoo.com/ypatterns/

Welie

http://www.welie.com/patterns/index.php

StyleIgnite

http://www.styleignite.com/

MephoBox

http://box.mepholio.com/

Blink design library

http://designlibrary.blinkinteractive.com/

Web Design Practices

http://www.webdesignpractices.com/

Elements of Design

http://www.smileycat.com/design_elements/

User Interface Engineering

http://www.uie.com/

Boxes and Arrows

http://www.boxesandarrows.com/

参考文献

［1］艾伦·库伯(Alan Cooper)，罗伯特·瑞宁（Robert Reimann），大伟·克洛林（David Cronin）.交互设计精髓3［M］.北京:电子工业出版社,2007

［2］海姆.和谐界面:交互设计基础［M］.北京:电子工业出版社,2007